中国 华中
美食之旅

《中国旅游》 编

上海文化出版社

前言

　　饮食文化与民族文化的联系极为密切，越是年代久远，越显得格外重要。中国黄河中下游流域以河南为核心的中部地区，是华夏民族的摇篮，也是中国民族饮食文化重要的发祥地之一。在历史上，河南曾被称为"中国"、"中土"，自三皇五帝到北宋，数千年间，先后有夏、商、周、汉、曹魏、西晋、北魏、隋、唐、五代、北宋和金等二十多个朝代定都河南。中国八大古都中河南省占四个，夏商古都郑州、殷邺七朝古都安阳、十三朝古都洛阳和七朝古都开封，先后是中国政治、经济和文化中心的所在地，在中华民族的历史以及饮食文化的发展上，都担当着重要的角色，以致后来由中原地区发展起来的豫菜，影响遍及东西南北。

中原地区得天独厚

　　按现在的中国地理大区划分，现今中部地区涵盖黄河中下游及长江中游地区多个省份，除了河南以外，还包括湖北、湖南、安徽及江西。华中地区，东濒黄海和东海，西倚青藏高原，全年雨量充沛，由长江和汉水冲积而成的江汉平原、鄱阳湖、洞庭湖、长江三角洲、巢湖及江淮平原等地，为中部地区带来丰富的水产资源。位于湖北、河南、安徽三省交界的大别山脉，地势以低山丘陵为主，十分适合农耕；湖南湘西山区，山珍野菜取之不竭；湖北有神农架和武当山两大"天然药库"，出产天麻、党参、杜仲、黄连等药材，还有野生狮菇、花菇和核桃等滋补的绿色生态食材。不论是水产养殖，或者畜牧农耕，华中地区在气候、地理和资源上，得天独厚。

饮食文化博大精深

"王者以民为天，而民以食为天"。古往今来，上至达官贵人，下至平民百姓，饮食都是最重要不过的大事。自先秦开始，历代许多政治家、思想家、哲学家都借烹饪之事谈政事，言人生，他们无不擅长烹饪之道，如万世师表孔子提倡的"食不厌精，脍不厌细"；有"中国厨祖"、"厨圣"之称的商朝名相伊尹提出五味调和说与火候论，对后世影响深远。由项羽"鸿门宴"、宋太祖赵匡胤"杯酒释兵权"、曹操"对酒当歌，人生几何"，至养生之道提出的"医食同源"和"药补不如食补"，凡此种种，皆与饮食文化有关，可见"吃"中既有政治，也有文学、艺术和医学。

通过《中国华中美食之旅》一书，我们希望能借华中不同地域的美食、各地人民的饮食文化与食俗，以及山川大河的壮丽景致，为读者勾勒出这片土地一个粗略的文化轮廓，让大家从博大精深的饮食文化中，欣赏到中华民族的智慧与民族文化的绚丽。

目录

华中

品味

调和五味，包容八方

湘菜以干辣为本

湖南多山，瘴气极重，特别是湘西一带，卑湿阴寒终年不减，加上湖南水路纵横，船家水手常遭雨淋浪打，寒气容易积聚体内，当地人喜用辣椒去湿驱寒，从而形成湘菜嗜辣如命的特色。民间有一句俗话："四川人不怕辣，湖南人怕不辣，贵州人辣不怕"，到底哪一菜系最辣，坊间众说纷纭。究其区别，其实三省菜肴的辣味各有特色：川菜以麻辣居多、黔菜以香辣为主，而湘菜则以干辣为本，好用新鲜辣椒或干辣椒烹调美食。

鄂菜无鱼不成席

中国江河资源丰盛，不少地方的菜式都擅以鱼入馔；但是要数以鱼肴称雄的菜系，一定非鄂菜莫属。湖北是古代云梦大泽的所在地，地处中国淡水鱼产量最高的长江中段，有长达八百公里江面横贯全省，境内上百个小湖泊与长江相通，自古誉为千湖之省，盛产各类淡水鱼和水产，饮食上形成"水产为本、鱼鲜为主"的特色。湖北的名厨，无论以红烧、清蒸或粉蒸任何一种烹调方法都能炮制出令人垂涎欲滴的全鱼大宴，民间有"无鱼不成宴"的说法。在众多鱼肴中，又以武昌鱼的声名最为显赫，湖北人能够用三十多种不同的制法烹制一席武昌鱼全鱼宴，在中国是绝无仅有的。

赣菜兼容并蓄

江西菜给人的印象历来不甚鲜明，论辣劲，不及湘菜；论烹调肴，不及鄂菜出色；它的面食文化，又不比豫菜突出，其实江西菜兼容并蓄的性格，正是它最大的特点。江西省东靠浙江、福建，南边是广东，西倚两湖、北边是安徽，东西南北的风味美食在江西省交互渗透，江西人在烹制菜肴的过程中，巧妙地把各地美食与本地风味融为一体，口由杭州名菜东坡肉发展而来的九江永修东坡肉、受湘菜影响以香辣为主的萍乡小炒肉等，都体现了赣菜多姿多彩的饮食文化。

徽菜尤重山珍

俗语有云：："靠山吃山、靠水吃水。"综观徽菜以至安徽省巢湖地区以外的佳肴美食，不难发现重山珍而轻河鲜的特色。徽州名菜如金银蹄鸡、黄山炖鸭、黄山双石、虎皮毛豆腐等，大部分是山珍野味，即使名菜臭鳜鱼，严格来说是经腌制的水产，有别于河鲜。虽然境内重峦叠嶂的地理环境，不利于水产类菜肴发展，但安徽丰富的山区资源，使当地成为中国茶叶重要的原产地。黄山毛峰、屯溪绿茶、祁门红茶、太平猴魁……全部都是有口皆碑的名茶。

豫菜面食源远流长

河南的面食文化，在华中地区的饮食之中最为突出。河南人爱面食与其历史、文化及种植习惯密不可分。据考古发现，中国是最早种植小麦的国家。在河南省陕县庙底沟遗址的烧土中，发现了公元前7000年的小麦痕迹，这说明了面食文化在河南历史悠久。河南出产的粮食，小麦所占的分量超过全省粮食的五成，达中国小麦产量四分之一。宋朝开始，各式面条在汴京相继问世，如鸡丝面、三鲜面、羊肉面，并渐渐普及整个中国。时至今日，郑州又称"烩面之城"，各处老字号，由郑州的合记羊肉烩面、老蔡记蒸饺，到开封的第一楼包子、洛阳的马蹄街馄饨等，无一不与面食有关。

青　海

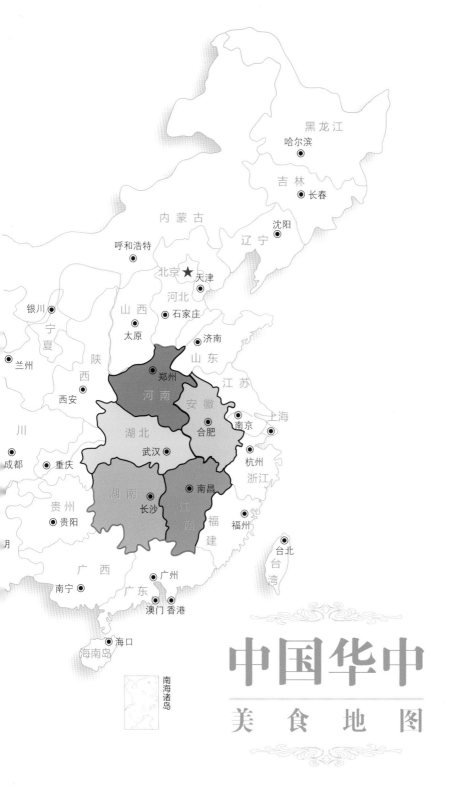

黑龙江
哈尔滨

吉林
长春

内蒙古
辽宁
沈阳
呼和浩特

北京 ★ 天津
河北

银川
山西 石家庄
宁夏
太原

兰州
陕
济南
西
山东
江苏
西安
郑州
河南
安徽
上海
合肥 南京
川
湖北
武汉 杭州
成都 重庆
浙江

贵州
湖南
江西 南昌
贵阳
长沙 福州
福
广西 建
台北
广州

南宁
广东 台
湾
澳门 香港

海口
海南岛

南海诸岛

中国华中
美 食 地 图

湘菜

长沙、湘西（张家界、怀化）、

湘北（岳阳）、湘南（衡阳、郴州、永州）

湘 H 历史

　　湖南，位于我国中南与西南交汇之处，地域、气候条件优越。北靠急流而过的长江和碧波万顷的洞庭湖，源远流长的湘、资、沅、澧四水相汇于此；南有雄奇秀丽的南岳衡山，五岭诸山与之遥相辉映。得天独厚的地理环境和自然资源，使得三湘四水既是鱼米之乡，五岭六山又有奇异的山珍野味，殷实丰厚的物资，为湘菜发展带来有利条件。早在先秦典籍《吕氏春秋·本味篇》已有记载："菜之美者，云梦之芹；鱼之美者，洞庭之鳟。"其赞美绝非过誉。子龙脱袍、龙女斛珠、东安子鸡等传统湘菜，传承至今已有千百年历史。发展到近代，湘菜的腊、炒、爆、蒸、煮、烧、腌、炖、煨等技法更成熟精湛，大大丰富了中国八大菜系中湘菜的内涵。

主要分布区域

长沙市、湘西土家族苗族自治州、
张家界市、常德市、怀化市、
衡阳市、郴州市、永州市、益阳市、
岳阳市等

饮食文化

　　湘菜是中国八大菜系之一，特点是注重刀工、调味，尤以酸辣菜和腊制品著称。秦汉时期，湖湘一带的烹饪技术已有羹、炙、熬、腊等九大类，分布于湘西土家族苗族自治州全境、张家界、怀化，以及常德地区的湘西菜，擅长制作山珍野味、烟熏腊肉和各种腌肉。生活在湘西的土家族和苗族人，几乎家家都会做腊肉，还有隔年熏腊肉的习惯。湘西腊肉与广式腊肉不同，它是以烟熏制的，采用几百斤重的土猪，猪肉、猪头、猪脚都可以用来制成腊肉。湘西腊肉可直接蒸来吃，亦可与其他材料同烹，如腊肉蒸芋头、腊猪蹄煨海带等，都是具当地特色的土菜。

　　湘中长沙，以及衡阳、郴州等湘南地区，因受农耕文化和湖湘文化的影响，加上凭借与粤、赣、桂交界的地理优势，菜式在传统湘菜制作的基础上，吸收了粤、川、赣各地的饮食精华和烹调技巧，形成了食材用料广泛，菜肴口味多变的特点。湘南菜的味道以清鲜为主，在调味上，讲究"融合"，

其中最有个性的调味，就是酸与辣、茶油与豆油、剁椒与豆瓣等组合后的特殊风味与口感，它们既有湘菜的传统，又包含了当地生态美食的个性。以洞庭湖、益阳、岳阳等作为中心的湘北菜，则以烹制河鲜和家禽家畜见长，菜肴特点是量大油厚，咸辣香软，颇具水乡风味。

长沙美食

　　长沙是湘菜的发源地，假如说四川菜是用水煮来征服全国人民的味觉，长沙的美食则是用红烧来俘虏广大吃货刁钻的口味。凡是地上跑的、天上飞的，长沙厨子都可以拿来红烧。随便找一家湘菜馆，打开菜牌就有十多款红烧菜式，当中最有名自然要数毛家红烧肉。而市内著名的长沙米粉、火宫殿臭豆腐、德园包子、口味虾等小吃，同样享誉全国，征服一众老饕刁钻的嘴巴。

◱ 毛家红烧肉

特色

毛家红烧肉可以说是湘菜成名立万之作。据说毛泽东在指挥解放全国三大战役时，就对警卫员李银桥说："你只要隔三天给我吃一顿红烧肉，我就有精力打败敌人。"红烧肉的吸引力可想而知。红烧肉选的是五花腩，把五层三花的腩肉用冰糖八角桂皮先蒸再炸后入锅放豆豉作佐料。做好的毛家红烧肉色泽金黄油亮，肥而不腻，十分香润可口。

◱ 火宫殿臭豆腐

特色

当湘菜在全国各地东征西讨的时候，长沙臭豆腐却已经悄悄地霸占各大城市的街头巷尾。说到长沙的臭豆腐，要数百年老店火宫殿炸得最好，外焦微脆、内软味鲜，百多年来进火宫殿的人没有不吃臭豆腐的。坡子街的火宫殿臭豆腐还有毛泽东为它题字做广告。1958年毛泽东回长沙火宫殿品

毛泽东与红烧肉

红烧肉这道毛泽东誉为天下最美味的菜肴，原来并不是湘菜，它的前身是杭帮菜"东坡肉"。毛泽东在家乡韶山湘乡东山学校进私塾和小学时，只有砣子肉，他爱上红烧肉是进了湖南第一师范以后的事。当时每周打一次"牙祭"，据毛泽东的同班同学周士钊和蒋竹如的回忆，时间是星期六的中餐，红烧肉用湘潭酱油老抽以冰糖、料酒，八角茴香慢火煨成，肉用带皮的"五花三层"，八人一桌，足有四斤肉，从这时起，毛泽东就爱上了这道菜。

尝少年时代吃过的湖南小吃，留下了一句名言"长沙火宫殿的臭豆腐闻起来是臭的、吃起来是香的"。火宫殿过去是一座祭祀火神的庙宇，距今已有250余年。晚清时期，发展成为祭祀、看戏、听书、观艺的庙市，人来多了，聚集的小吃摊档自然也多起来，火宫殿臭豆腐亦逐渐成为长沙的特色美食。

🏠 坡子街分店地址：长沙坡子街78号

📞 电话：（0731）8581 4228 / 8581 9591

🏠 东塘分店地址：劳动路258号（东塘广场东北角）

📞 电话：（0731）8550 1303 / 8545 2124

长沙米粉

长沙米粉不像桂林米粉那么出名，可是很有自己的特色，米粉分圆粉跟扁粉两种，当地人大多偏爱扁粉，因为扁粉比圆粉较容易入味。长沙人许多在吃米粉的时候是不喝汤的，只把米粉捞干净，放在米粉里面的

配菜叫码子，有盖码跟炒码两种。所谓盖码就是事先做好了码子，粉煮好后直接把做好的码子盖在上面。而炒码，顾名思义是在接单的时候即用小锅炒出来的配菜，这样码子新鲜而且味道更好，所以比盖码贵。一般人常吃的码子有肉丝、酸辣、椒脆、酱汁、杂酱等。

姊妹团子

火宫殿传统风味小吃。用糯米和大米为主要原料相配而成。形如荸荠，色若玉塔，糍糯柔软，鲜甜可口，糖、肉双馅，甜、咸双味。20世纪20年代初，长沙火宫殿的圩场有一对年轻漂亮的姜氏姐妹，她们摆了一个卖团子的摊位，因制作团子时宛如杂耍，吸引观众驻足观看，忍不住都会买几个尝尝，姊妹团子由此得名。

▲ **岳麓书院** 中国古代四大书院之一，位处长沙市岳麓山东侧，紧邻湘江，始建于北宋开宝九年（976年），历经宋、元、明、清各朝代，晚清时改为湖南高等学堂，至今仍隶属湖南大学，历史已逾千年，是世所罕见的"千年学府"。1988年被国务院批准为第三批全国重点文物保护单位，为岳麓山风景名胜区重要观光点。

☐ 椒盐馓子

美食推介

特色

"纤手搓成玉数寻，碧油煎出嫩黄深；夜来春睡无轻重，压扁佳人臂缠金"，这是唐代诗人刘禹锡的《寒具》诗。"寒具"便是馓子。据考证，长沙制作馓子已有2000多年的历史，《楚辞·招魂》中就有记载。精心制作的馓子，丝条粗细均匀、质地焦脆酥化、口味有甜有咸、造型新颖别致，既是点心，又可作菜食。其主要原料是面粉、盐和白胡椒粉，经油炸而成。

☐ 剁椒鱼头

特色

也被称作"鸿运当头"、"开门红"，它的来历和清代著名文人黄宗宪有关。据说清朝雍正年间，黄宗宪为了逃避文字狱，到了湖南一个小村子，借住农户家。这家人很穷，买不起菜，幸好晚上吃饭前，农户的儿子捞了一条河鱼回家。于是女主人就用鱼肉放盐煮汤，再将辣椒剁碎后与鱼头同蒸。黄宗宪觉得非常鲜美，从此对鱼头情有独钟。避难结束后，他让家里厨师加以改良，就成了今天的湖南名菜剁椒鱼头。

☐ 口味虾

特色

长沙人爱吃口味虾，只能用疯狂这两个字来形容，人们对它的热爱促使口味虾的制作与品尝在长沙已经成为特色文化。2005年、2006年及2008年，当地更举办了三届口味虾节。口味虾以小龙虾制成，口感麻辣鲜香，约五寸长，有双钳，壳硬。吃口味虾的最佳季节是夏季，在夜幕降临的时候，走在长沙的街头巷尾，你会发现几乎每桌的食客都在对着桌上那盆口味虾张牙舞爪，就着啤酒一起吃，尽管个个被辣得嘴脸通红、眼泪汪汪，却依然是那么乐此不疲。

麻仁香酥鸭

正宗长沙香酥鸭十分讲究原料配合，形态美观，色调柔和，集松化、酥脆、软嫩、鲜香于一体。制作时要将鸭起骨切丝，鸭皮表面抹一层蛋糊，摊放在抹过油的平盘中，然后把肥膘肉丝和鸭肉丝放在余下的蛋糊内，平铺在鸭皮里，下锅炸呈金黄色捞出，鸭肉铺上调成雪花糊状的蛋清再酥炸，捞起切成宽条状，食时再加入花椒粉和芝麻油。

美景推介 ▲ **杜甫江阁** 属于园林仿古建筑，为纪念唐朝诗人杜甫所建，与橘子洲、岳麓山隔江相望，距天心阁不足一千米。主阁共分四层，高18米。一楼为诗词书画纪念品商店；二楼为杜甫纪念馆，馆正中立杜甫塑像；三楼是杜甫生平专题展厅，以诗画形式展示杜甫在湘三年的诗作；四楼是以文会友和精品展示场所，分为模型展示、以文会友和观众休息三个小区域。

菊花烧卖

与广东的虾仁烧卖或鱼肉烧卖不同，长沙的菊花烧卖内馅是松软而不糊烂的糯米，是深受长沙人欢迎的大众食品。菊花烧卖皮子透亮，味咸椒香，顶端开口处用蛋黄点缀成菊花瓣状，尽显雅致，其中又以火宫殿和玉楼东的菊花烧卖最有名。

龙脂猪血

特色

长沙的猪血汤，因加工后的猪血特别嫩滑，有如龙肝凤脂一般美味，于是文人就把猪血汤命名为龙脂猪血。血汤以新鲜猪血为原料，下到锅里，红红润润，细嫩嫩软似豆腐，拌以干椒末、排冬菜、葱花、麻油，偶或加点胡椒粉。料虽简单，但口感爽滑鲜嫩，味微辣而香脆，辛辛辣辣，正合长沙人的胃口。特别是在冬天，吃上一碗热气腾腾龙脂猪血，真是余味无穷。

花菇无黄蛋

特色

无黄蛋蛋面光滑不破，质地异常鲜嫩，外地游客吃到这种没有蛋黄的鸡蛋，往往惊叹不已。制作无黄蛋时，先把生鸡蛋的下端敲一个小孔，将蛋清蛋黄取出，去掉蛋黄留下蛋清，然后在蛋清中加入与蛋黄等量的鸡汤、猪油、盐、味精等再灌入空蛋壳里，放回蒸笼上蒸熟，剥出来后看似完整的蛋，却无蛋黄，其味道鲜嫩，制作精巧，是长沙传统名菜。

德园包子

特色

提到包子，长沙人必称"德园"。百年老店德园位于长沙的繁华地带，每天早上买包子的人排成长龙，在店门前延伸折曲，也算是长沙街头一景。此店建于清光绪年间，民国初年由几位失业官厨集资，盘下这几经易手却无起色的德园，迁店于黄兴路樊西巷口，以官府菜点招徕食客，因菜肴制作总余下些海味鲜货等上乘材料，为免浪费，故将其剁碎，拌入包点馅，谁知这竟使包点更见风味，从此德园大振声名。德园包子选料精细。糖馅用白糖、冰糖、玫瑰糖或桂花糖制调而成，香甜爽口；肉馅则选用猪前夹缝肉或精肉，拌以香菇、冻油等调料，油而不腻。德园的掌案师傅历来都是技术高超的老手，所制的包点皮薄馅大、颜色白净、质地松软、富有弹性。

🅰 德园包子黄兴路店地址：天心区黄兴南路361号

📞 电话：（0731）8581 7732

玉楼东麻辣子鸡

湘菜中的经典，以长沙百年老店玉楼东最负盛名。清末曾国藩的长孙、湘乡翰林曾广钧登楼用膳，曾留下脍炙人口的"麻辣子鸡汤泡肚，令人常忆玉楼东"诗句，麻辣子鸡自此名声大噪，后来民间更流传一首打油诗："外焦内嫩麻辣鸡，色泽金黄味道新，若问酒家何处好，潇湘胜过玉楼东。"

◎ 玉楼东五一路店地址：芙蓉区五一大道125号

◎ 电话：（0731）8277 7988/ 8277 7986

◎ 玉楼东星沙店地址：星沙开发区天华中路118号（通程商业广场对面）

◎ 电话：（0731）8239 6577

美景推介

▲ **天心阁** 位处长沙市中心的天心古阁和古城墙，素有"潇湘古阁，秦汉名城"的美誉。其名源于明代盛传的"星野"之说，这里曾是古人观测星象、祭祀天神之所，加之古阁位于古城长沙地势最高的龙伏山巅，被古人视为呈吉祥之兆的风水宝地。而天心阁下的古城墙，始建于西汉高祖五年，为长沙王吴芮所筑，距今有两千多年的历史。明洪武五年长沙守御指挥使邱广修复加固，呈南北长、东西窄条状，共设九座城门，至1924年，政府修筑环城马路，仅保留天心阁古城墙，其长251米，高13.4米，存南、北两月城。今古景区内的古炮、月城、崇烈亭、崇烈门等，是长沙为数不多的文化载体和历史遗址。

酱板鸭

湘乡酱板鸭必须用两年以上吃谷物生蛋麻鸭烹调,以三十多种名贵中药浸泡,二十余种香料、经过风干、烤制等十二道工序精制而成,成品色泽深红,皮肉酥香,刚入口觉得香鲜爽口,十分美味,到吃得满嘴余香时,辛辣便显出其不凡的后劲。

▲ **长沙马王堆汉墓** 西汉时期长沙国丞相利苍的家族墓葬,为一马鞍开土堆。1972~1974年先后发掘3座西汉墓葬。据考证,是西汉初期诸侯家族墓地,其墓葬结构非常宏伟复杂,其中一、三号墓棺椁葬具保存完好,一号汉墓中还发现了一具保存完好的女尸和极具科学、史料和研究价值的众多随葬品,女尸出土时,浸泡在约80升的无色透明棺液之中,成为20世纪中国及世界重大考古发现之一。

黄鸭叫

黄鸭叫又名黄鸭咕，肉嫩味鲜，是淡水鱼中的极品，因被抓住时会发出咕咕叫声而得名。水煮黄鸭叫是长沙老江湖们的心头好，最初在橘子洲头开始流行，至今已有七八年，后来成为橘洲夜市中的特色美食。以此为食材做的菜，水煮之外还有红烧、干锅和油炸。炸透了的鱼皮似波纹皱起，夹一条放在碗里，先咬断鱼头，再吃肉，嚼起来又香又脆，耐人寻味。

搵食攻略

★杨裕兴面条

杨裕兴是长沙的百年老字号，主打面食，历经五代，黑底金字招牌仍屹立不倒，现已发展成为拥有30多家分店的连锁式面馆，同时是湖南省的著名商标，其面条全部采用手工擀制，面质优良，精细均匀，下锅不粘不稠，吃起来极有韧性，被喻为"神仙难吃刀下面"。其面码(即配料)有煨码、炒码、蒸码，全部选料考究、色香味俱佳，60多款配搭顾客可以根据自己的口味自由选择，如酱汁肉丝、杂酱过桥、肉松换底、金钩卤子等，其中以杂酱面油码风味最为独特。有说在众多分销直销和加盟店中，以解放路老店的面条口味最好最正宗，历史亦最悠久。

地址：长沙市天心区三王丽都大厦1楼
电话：(0731) 8228 8192

糖油粑粑

长沙街头最具平民特色的草根小吃，先用糯米粉加水揉好，搓成团，大油入锅加热，加入桂花糖或红片糖，待糖融化将糯米团放入油里，翻滚几分钟，等白色粉团成焦黄色时即起锅。糖油粑粑入口酥软滑溜，带韧性和花香，食时一定要趁热，要不变硬了就会失去风味。在众多店铺中，又以黄兴北路上的老字号大小李公庙的糖油粑粑最有名。

开福寺观音素面

长沙开福寺是三湘名刹，已有一千多年的历史，位处长沙城北新河与湘江交汇处凤嘴，对于长沙人来说，凡到开福寺参神祭祀的，都必定会吃上一碗观音素面。面的配料虽然只是简单酱菜和芫茜，但汤的味道清甜，面质也异常的好，十分受当地民众欢迎，特别在每年的观音诞，来往的善信栉比鳞次，观音素面许多时候都供不应求。

东安子鸡

特色　东安鸡被列为国宴名菜之一，居八大湘菜之首，因其烹调方法起源于东安县而得名。据有关记载，早在唐玄宗开元年间，东安百姓就开始制作东安鸡，至今已有1200多年的历史。有说东安鸡经历了三个时期的演变，西晋时叫"陈醋鸡"，清末时叫"官保鸡"，到民国，将军唐生智为庆贺北伐胜利，于南京设宴招待部下，席间奉上"官保鸡"。他的私人厨师讲究厨艺，选用的鸡必须是从未下蛋的雌鸡，而且重量不能超过一斤半。制作时，整只鸡一共切成十六块，然后再按原形摆在盘子上。宴上宾客吃过后，都说这道菜造型美观，香、甜、酸、辣、嫩、脆六味俱全，唐生智介绍说："这是我们东安的特色菜，叫东安鸡。"此后，东安子鸡遂成为大小宴会的压席菜。

子龙脱袍

特色　以鳝鱼为主料的传统湘菜。因鳝鱼在制作过程中须经剖鱼、剔骨、去头、脱皮等工序，特别是鳝鱼脱皮，形似古代武将脱袍，故将此菜取名为子龙脱袍。

子龙脱袍与三国名将

相传三国名将赵子龙与曹操大军血战当阳长坂坡时，糜夫人含泪托孤赵子龙，赵子龙怀揣阿斗拼死连杀几十员曹将，浑身伤痕累累，终于从曹兵薄弱之处冲出重围。当刘备看到他把鲜血染红的战袍从重伤的身上脱下来时，裹着的儿子阿斗还在酣睡之中，刘备一下子将儿子抛到地下，感慨地说："为了这个小东西，竟险些损失我一员上将！"在场将士无不震撼。后来湘楚名厨为表扬赵子龙的忠心护主的美德，创制了"子龙脱袍"，并以鳝鱼寓意子龙之意。

历史名菜

湘菜历史悠久，由春秋战国开始，经历秦汉两代，及唐、宋、明、清，乃至近代，脍炙人口的名菜与独特的烹调技巧承袭至今，经典菜色如龙女斛珠、子龙脱袍、组庵鱼翅、腊味合蒸等，背后流传的故事，与一时一地的文学作品、历史人物、风土民情息息相关，令这一支具有鲜明特色的湘菜系，更富文化色彩。

腊味合蒸

湖南人尤爱腊味，喜以腊味入馔，此菜主要取腊肉、腊鸡、腊鱼三种腊味，加入鸡汤和调料，下锅清蒸而成，吃时腊香浓郁、咸甜适口。相传一位名叫刘七的饭馆店主，为逃避财主逼债流落他乡，以乞讨为生。一天刘七来到省城，讨得腌制的鱼、肉和鸡，因见天色已晚，便把腊鱼、腊肉、腊鸡略一洗净，加些许调料便装进蒸钵，蹲在一大户人家屋檐下生起柴火烹制。此时室内正在用餐，忽然飘香扑鼻，主人要家童端上这道菜。家童打开家门见刘七蹲在地上，刚掀开热气腾腾的蒸钵钵盖，他上前端起蒸钵就走。刘七一急紧追而来，客人见刚出炉的腊味合蒸忙伸箸夹

进嘴里，后来刘七被大户人家带到酒楼当掌勺，他挂出腊味合蒸菜牌，引来四方食客，此菜自此流传下来。

组庵鱼翅

此菜是清末湖南督军谭延闿家宴名菜，鱼翅糯软，是菜中珍品。谭延闿字组庵，是有名的美食家，他的家厨曹敬臣，跟随谭先生多年，摸透了主人的饮食喜好，经常花样翻新，他将红煨鱼翅的方法改为鸡肉、五花肉与鱼翅同煨，制成风味独特的菜肴。此后谭氏无论自己请客或是别人请吃饭，他都要求制作此菜，后人又称组庵鱼翅为组庵大菜。

龙女斛珠

此菜用鲤鱼、水发湘莲、瘦火腿肉、肥膘肉、鸡清汤、绍酒、醋、鸡油等烹调，鱼身上割十字形花刀，湘莲洗净蒸至七成熟填入鱼腹中，在花刀的交叉处各嵌一颗湘莲，剩余的围绕鱼身摆放，最后加鸡汤上笼蒸煮即成。其特点是气味清香淡雅，入口鱼肉鲜嫩，莲子粉糯。

《柳毅传》中的定情信物

龙女斛珠菜名源于唐代小说《柳毅传》中"龙女"的传说：洞庭龙女爱上了心地善良的秀才柳毅，在龙王招待柳毅的宴席上，龙女用金色鲤鱼内藏珍珠一斛（相当两斗半）相赠。后来人们用金丝螺做菜，内外镶嵌形似珍珠的湘白莲，取名"龙女斛珠"。

湘西美食

湘西地区是土家族聚居地，土家族的菜色，是将湘菜的特色与独特的地方风物相融合，制作方法相对简单，但注重色香味全，使用的食材、调味、酱料和做法带浓厚的山乡色彩，这里用很多自己调配的酱和液体调料烹调美食，其中坛子菜和腊肉特别得到外来人的喜爱。湘西菜讲究吃菜和自制的配料，重视原材料烹调美食，擅长制作山珍野味、烟熏腊肉和各种腌肉、风鸡，看以寻常的农家小炒，却令人回味无穷。

烤糍粑

用糯米蒸熟捣烂后制成的一种食品，因水土与风俗的差异，各地的糍粑不尽相同，在湘西地区，最过瘾的吃法就是烤糍粑。冬日的湘西阴寒潮湿，为了保暖，一般人家都会燃起火炉，糍粑便放在其中慢烤。烤糍粑的过程，最考验人的性情，糍粑得放在微微明灭的炭火上慢慢烘烤，火不能太大，要不然外皮烤焦，内里却仍生硬。而且要不停翻边转面，使它两面受热，是一道考耐性的菜。烤好的糍粑可沾糖，或将糖灌入糍粑中，等其中的热度将糖溶成糖水，此时糍粑入口真是甜香无比。

外婆菜

把多种以传统方法晒干，或放在坛子腌制的湘西土菜和野菜炒在一起，较多选的是腌或晒的茄子皮、黄瓜皮、白辣椒、豆角、干酸菜等。制作时，不添加任何色素和防腐剂，只加上肉泥、辣椒、植物油和食盐，入口时口感极好，嚼之有劲，品之愈香，具有开胃下饭的功效。

腊猪脸

湘西人有隔年腊肉的习惯，年关杀头猪可以细水长流地吃上一年。与广式腊肉不同，湘西腊肉是烟熏出来的，几百斤的土猪，猪肉、猪脸、猪脚都可以腊，抹上盐、香料放在大缸里腌四到六天，再高高地挂到火炕的房梁或灶头上，以烟火慢慢熏干。一年半载下来，腊肉成了黑油油的一块。吃时将外面一层刮掉，半精半肥，薄薄一片，乍看其貌不扬，但嚼在口里，齿颊留香，满嘴生津。

辰州碣滩茶

特色 碣滩茶得名于唐，明清时代称作辰州碣滩茶，产于武陵山沅水江畔的沅陵碣滩山区，相传1300多年前的盛唐时期，唐睿宗李旦的娘娘胡凤姣从故里沅陵胡家坪回京，夜泊碣滩，品尝到碣滩茶，觉得香气馥郁，甘醇爽口，便择其佳制，带回京都。唐睿宗赏赐众大臣品尝，无不交口称赞，此后，碣滩奉旨辟为茶园。碣滩茶有绿茶和毛尖两种，其形、色、香、味均独一无二。茶叶油滑皎洁，身骨柔嫩匀称，银毫细密如织，冲泡后汤色黄绿清透，杯中茶叶时起时落如银鱼游翔。

香辣米豆腐

特色 用粘米浸泡后打浆煮制而成，在湘西的各种特色小吃中，米豆腐十分具代表性。走进湘西，无论在乡镇或沿街集市，都有米豆腐摊，后来因电影《芙蓉镇》的热映而广为人知。湘西米豆腐色泽金黄，原料有大米、黄豆、石灰三种。吃时佐料越多，口味越丰富。湘西人爱吃辣，口味重，辣子粉、葱花、生姜、蒜泥这几样必不可少。另外还有山胡椒油、陈醋、酸菜等。在夏天，吃米豆腐时多加冰块；在冬天或是春秋时，则多将豆腐在温水中烫热来吃。

美景推介 ▼ **武陵源风景名胜区** 1992年被联合国教科文组织列入《世界自然遗产名录》，位于湖南省西北部的武陵山脉中段，桑植和慈利两县交界处，隶属张家界市，由四大风景区组成，分别为张家界国家森林公园和张家界国家地质公园、索溪峪、天子山、杨家界三个自然保护区。武陵源有比较原始的生态系统，罕见的砂岩峰林地貌景观，有3000多座形状奇异的山峰，800多条溪涧，也有岩溶洞穴、瀑布群和天然森林。

门票：¥245（含黄石寨、金鞭溪、腰子寨、杨家界、天子山、袁家界、十里画廊、水绕四门等景点）

三下锅

特色 相传明代嘉靖年间，朝廷征调湘鄂西土司兵上前线抗敌，恰好赶上年关，为不误军机，土司王下令提前几天过年，于是腊肉、豆腐、萝卜一锅煮，叫吃"合菜"，以后演变成三下锅。如今张家界的三下锅不再是腊肉、豆腐、萝卜一锅煮，多为肥肠、猪肚、牛肚、羊肚、猪脚或猪头肉等选其中三样，经过厨师特殊加工一锅煮制而成。

烧椒皮蛋

特色 经过多达三十道调制工序而成，选用肉厚笔直的上好大红辣椒，洗净后入油炸，冷水冷却后，再剥皮去籽去膜，用利落刀工切成等宽条状，再以调制酱汁腌三日，做出充满椒香、口感软滑的烧椒，再搭配弹口的松花皮蛋，以辣豆豉末、醋、姜末、蒜泥等来调味，是一道让人吃后舒爽难忘的经典湘味凉菜。

土家蒸肉

特色 土家人待客的一道名菜，一般只有办酒席才会用上作主菜。材料选用上好的猪后腿肉，切成约一厘米一段，加入土家特有的豆瓣酱、大米打成的米粉及调味料，上笼蒸数十分钟而成，其香奇醇其味奇美，是土家族一大特色菜。

苗家酒

特色 采用苗家千年传统酿酒工艺的土方、土法酿制，几乎所有苗族妇女，都能酿制一缸好酒，她们把吃不完的苞谷和红薯酿成苞谷酒、红薯酒；后来日子好起来，农民种植的大米吃到了剩余，她们又用大米酿成了米酒，即苗人的品牌酒青酒。苗家米酒品种有糯米酒、苗王贡酒、状元红、苞谷酒、姜汁酒、猕猴桃酒、土匪酒等，除了酒味香醇，对各种疾病也有一定的疗效。

泥鳅钻豆腐

土家族喜爱吃的一道菜。烧制方法是先把小泥鳅放在水缸里或坛子里，倒清水并少量的食盐，过一夜，等泥鳅吐尽肚子里的泥沙和其他杂物，再用清水冲洗，并将活鲜鲜的泥鳅倒入嫩白豆腐内，水烧热的时候，泥鳅就会在豆腐里乱钻，等把豆腐钻出若干个小眼，再下油锅炖煮，并加上花椒、葱花、味精、生姜、酱油等作料，是土家人招待贵客的美味佳肴。

茶油鸡

茶油是野山茶果提炼而成的食用油，又名油茶籽油、山茶油。由于油茶树一般生长在没有污染山区，因此以此提炼出来的油澄清透明，气味中有一股独特的清香。湘西地区的茶油产量很高，人们喜用茶油烹调美食，用茶油焖出来的湘西土鸡，味道醇香，色泽润亮，汁浓肉黄，连最涩的鸡脯肉，都细嫩香滑。茶油的清香沁人心脾，加上绿葱红椒的点缀，让人顿生食欲。

美景推介 ▶ **天门山** 天门山是张家界海拔最高的山，距城区仅8公里，因自然奇观天门洞而得名。天门山古称嵩梁山，又名云梦山、方壶山，是张家界最早载入史册的名山，主峰1518.6米。三国吴永安六年(263年)，嵩梁山千米高绝之处峭壁忽然洞开，玄朗如门，吴帝孙休视之吉兆，天门洞开之说流传天下，嵩梁山也由此易名天门山，并一直被当地百姓奉为圣山，被誉为"湘西第一神山"和"武陵之魂"。湘西流传着两个传说，一是"天门翻水"和"天门转向"，天门翻水是天门洞右侧绝壁之顶，会在旱季晴天忽泻洪水，而出水之处并无任何水源，本地人多次目睹过这一奇特现象。更为神秘的说法是，出现翻水的年份总与发生重大历史事件或自然灾害的年份吻合。"天门转向"在张家界也家喻户晓，当地居民几乎都很肯定地认为，天门洞的方向近几十年来在悄悄转动，以前在市内几处能清楚看见天门洞的位置，现在却因方向不对，见山不见洞，只有天门洞从北向西北方向发生转动才会如此。这一切使得天门山更显神秘玄奇。

门票：旺季¥258、淡季¥225

食在凤凰

文学家沈从文在著名小说《边城》中，描绘了家乡凤凰的古朴与美丽，还有当地人的淳厚和善良，其后不少旅游人士也把凤凰、特别是凤凰古城想象成为小说的原型，不惜千里而来寻找沈从文笔下的世外桃源。

凤凰是苗族和土家族的聚居地，湘西大山里的苗族人偏好酸辣，吃不离酸，每家土菜馆都能找到酸肉、酸鱼、酸菜，还有凤凰血粑鸭、蕨菜炒腊肉等特色菜肴。

凤凰血粑鸭

凤凰最具特色的地方菜之一，制作时将预先浸泡好的上等糯米装入碗里，宰杀鸭子时将鸭血溶入糯米浸泡均匀。等鸭血凝固了，再蒸熟，待冷却后，将血粑切成一小块小块的方块，然后用菜油煎熟。待鸭肉煮九分熟时，再将血粑放入鸭肉里烹煮，并掺和一些香料，成金黄色即可。鸭子煮血粑既有鸭肉的鲜美味液，又有血粑的清香软糯，吃起来口感香浓，食欲大增，是在凤凰绝对不可错过的美食。

酸肉

是湘西土家和苗家独具风味的传统佳肴。

每当贵客临门，土家、苗家人便从坛中取出腌制好的酸肉，下入油锅爆炒，黏附在酸肉上的玉米粉经油炸变成金黄色，散发出阵阵芳香，闻之生津。此菜味辣略酸，以湘西自治州所做最佳，故名。在湘西张家界旅游区的餐馆中，游客常可品尝到这一独具山乡风味的佳肴。

姜糖

古城中不少店铺仍然保留了制作姜糖的传统手艺。姜糖最早发源于南方，是用生姜提炼姜汁和红糖混合制成的。传统姜糖的做法先把白糖熬成糖稀，加入切碎的姜末再煮一段时间，把糖稀倒在石板上等待冷却。当糖稀凝固成半流质半固体的时候，就把一大团糖稀放在个大铁钩上拉，等姜糖完全变硬，再也拉不动的时候，重新放在石板上，用剪刀剪成小块状即大功告成。

蕨菜炒腊肉

特色
凤凰土乡苗寨有一种隔年熏腊肉的习惯，每年临近年关，都会杀了年猪将猪肉切成三至五斤一块，揉上盐和各种香料，腌三至五天，待盐及香料渗进肉内，再用竹条或藤条穿串挂到火坑上，以烟火慢慢熏干。待吃时，用开水将其烟墨洗净，放在锅里蒸熟，切成肉片，因光吃肉多了会腻，佐以清脆爽口的蕨菜一起烹调，制作成味道配合得刚刚好的蕨菜炒腊肉。

鸭脚板野菜

特色
一种长在山里的野菜，因其叶片每一枝丫形状分三瓣，像鸭子的脚掌，故名鸭脚板，采摘时，鸭脚板会冒出一种清香味，除了可以当成菜肴炒吃，还可以入药使用。春天是吃鸭脚板的最佳季节，食时配以香豆腐干丝为佐料爆炒，顿成让人馋涎的好菜。

摄食攻略

★隆源山寨土菜馆
古城中较具规模的土菜馆，专门接待游客及旅行团，土理的地道凤凰土菜正宗，土味十足，融合了湘西土家族和苗族菜系的特色，食客进门时，由土家族、苗族姑娘击鼓欢迎，推荐菜色：蕨菜炒腊肉、粑粑、剁椒鱼头、土匪菜、血粑鸭。人均消费：¥50

地址：湖南省湘西凤凰县虹桥路湘西之窗大门口(近虹桥)

电话：(0743) 3260 069

美景推介

▼ **凤凰古城** 被视为作家沈从文小说《边城》中的原型，建于清康熙四十三年（1704年），以苗族、土家族为主的少数民族聚居地，已历经300年的历史。现东门和北门古城楼尚在，城内青石板街道、江边木结构吊脚楼，以及朝阳宫、天王庙、大成殿、万寿宫等建筑，无不具古城特色。古城分为新旧两个城区，老城依山傍水，清浅的沱江穿城而过，红色砂岩砌成的城墙伫立在岸边，南华山衬着建于清朝年间的古老城楼，城内有众多历史文人的足迹，包括沈从文故居、熊希龄故居、杨家祠堂、古城博物馆、东门城楼、虹桥风雨楼等景点。其母亲河沱江，依着城墙缓缓流淌，两岸建有上百年历史的土家吊脚楼。

门票： ¥148 (由2013年4月中开始，进入古城的游客不论是否参观古城内的景点，必须先购买门票)

古城小吃

凤凰古城有很多特色小吃，如竹筒香饭、盐豆腐、沱江小鱼、凤凰小虾、松脆蜂蛹等，不但美味可口，而且价钱便宜。入夜后，由邮电局到东门一带的虹桥夜市，除了大小食店外，还有大量小摊档售卖各式小吃，是游客搜罗湘味美食不能错过的地方。

盐豆腐

特色 盐豆腐干是豆腐的再加工制品，咸香爽口，硬中带韧，久放不坏，并且营养丰富，含有大量蛋白质和人体所需的矿物质。豆腐干在制作过程中，会加入食盐、茴香、花椒、大料、干姜等调料，既香又鲜，久吃不厌，又被当地人誉为"素火腿"。

松脆蜂蛹

特色 小酌常见的下酒菜。以胡蜂的蛹为主要原料，以金环胡蜂蛹为最佳。烹制时，先将蜂蛹从蜂巢中取出，拣去杂质，用清水漂洗一遍，滤干，倒入油烧至七八成熟的油锅内，用文火把蜂蛹煎至金黄色时，加入少许食盐，便可装盘供食，其色泽呈金黄或淡黄色，香气扑鼻，蛹体外脆里嫩，属高蛋白低脂肪的美食。在湘西餐桌上，也可以见到蜂蛹和成年蜂油炸在一起的菜肴。

竹筒香饭

特色 又名香竹饭，用新鲜竹筒装着大米及味料烤熟的饭食，多于山区野外制作或在家里用木炭烤制。用米配肉类为原料，放进新鲜的竹筒中，加适量水再用香蕉叶将竹筒口堵严，炭火中绿竹烤焦即可，其做法甚具山区野炊特色。把猪瘦肉混以香糯米和适量盐巴烤成的香糯米饭，肉香与竹香扑鼻，是招待贵宾的珍贵美食。

沱江小鱼

只在凤凰才能吃得到的美味小吃，在古城的大街小巷，都有卖烤沱江鱼的摊档。大条的沱江鱼一般以蒸、炒、煎的烹调方式上桌，摊档上吃到小鱼大多用竹支串起，下锅油炸，吃时再撒上盐巴、辣粉等调味料，肉细味鲜。

蒿草粑粑

很多地方的蒿草粑粑都是以蒿草为佐料，湘西蒿草粑粑则以蒿草为主料，将齐头蒿、艾蒿、苦蒿、野苘蒿等各种蒿草拌在一起，再用传统方法制成。有说昔日湘西放蛊，最早就是放在蒿草粑粑中的，因此外地人又把蒿草粑粑视为湘西的神秘小吃。

油炸小螃蟹

凤凰古城临沱江而建，江中的水产无论是鱼、虾或是蟹，体型较小者，当地人都喜欢以油炸来烹煮，制作成串烧、炸物一类的街头小吃。街上随处可见售卖炸螃蟹的小摊档，很多摊档就只有油锅一只，旁边放着用竹签串好的螃蟹串、虾串等，一般五元一串四只小螃蟹，食时下油一炸，炸起后撒点辣粉、精盐调味，即成香脆可口的滋味小吃。

美景推介 ▶ **古城虹桥风雨楼** 虹桥横卧于沱江之上，始建于明洪武初年（1368年），后因洪水受到严重破坏，修复后的虹桥，加固了桥墩，补砌了桥面，拆除了桥上木栏，改建成木结构吊脚楼木板房一栋，与桥面长度相符，两侧各建大小相等的木房12间，开设有土特、南杂、小百货商店，中间有3.6米宽的人行长廊，上有屋顶遮盖，可避日晒雨淋。其后虹桥多次重修，在原有的建筑风格上更为完善、雅致。二楼为民俗文化楼，两侧是文化艺术长廊，中间有以盘根错节的古树蔸做桌椅的茶室，除了许多民间的珍稀工艺品如苗王木椅、巨型烟袋外，还陈列有古代王羲之、清末康有为，现当代名家于右任、虞逸夫、颜家龙、史穆、陈羲明等书画家的作品。

洪江美食

中国的江河在每个省都有各自的水系，湖南因湘江而名声显赫，因而别号「湘」。若按一个大系来看，湖南四水包括湘、资、沅、澧，目前最清澈的沅水，沿江两岸的古镇是昔日漕运繁荣的集散地，其中历史悠久的洪江古商城，坐商行商云集，带来各地不同的饮食习俗，通过与洪江土著饮食习俗长期渗透融合，造就了内涵丰富的古商城独特美味。

美食推介

↳ 血粑鸭

典型湘西风味名菜，入口微辣，以浓香、味足、肉质酥肥而著称。必须用上制作历史悠久的洪江特色甜酱作为佐料。先把鸭子放入油锅中慢炒，待熟到一定程度时放入灯笼辣椒、甜酱、嫩姜、蒜、葱等调料，快熟时再放入新鲜血粑，当清香糯柔的血粑与鲜美鸭肉结合在一起，其香酥可口令人回味无穷。

美景推介

▶ 洪江古商城

洪江古商城曾是湘西最繁忙的商埠码头。沈从文在《沅水上游几个县份》一文中，首先提到的就是洪江："洪江是湘西中心，出口货以木材、桐油、鸦片烟为交易中心。市区在两水汇流一个三角形地带，三面临水，通常有'小重庆'称呼。"经历数百年风风雨雨的古城，虽然过去的商宅大部分改造成民居，但在七冲八巷九条街中，斑驳的古墙上仍留下的门匾、石雕、图画，显露出当年大宅的豪气和商业气息。街道上随处可见富于装饰意味的石条和下水道石盖，还有修建于明清时期，高墙深院的窨子屋。这些窨子屋既有徽派的建筑风格，又具有沅湘本土的特色，大都为木、砖、石用料，斗拱造型，青瓦灰墙，飞檐翘角，高墙连着高墙，贯穿整个古商城。

洪江粉

洪江米粉也叫洪江粗粉，它比长沙粉粗很多，油分重，而且有嚼头，制法和材料更讲究。先把未成熟的谷子退壳，打碎成浆浸泡3天，每天换水，晾干后配料蒸熟，最后才榨成洪江粗粉。怀化市内很多面馆可以吃到洪江粉，但不少人都说只有在洪江吃的洪江粉，才是原味。

湘柚糖

单片造型状如古钱币，呈金黄色并刻有各种吉祥精美的图案，是明清时期洪江商贾豪门联络朝廷官员、馈赠商界同仁的礼品之一。因湘柚糖采用纯天然优质鲜柚为原料，佐以砂糖蜂蜜及多种中草药，按民间工艺精制而成，除了口感甚好，还有清火、化痰、顺气等保健功效。

红烧狗肉

红烧狗肉是洪江著名的野味，颜色酱红，香味异常浓郁，多吃不腻。制作时，首先将狗肉刮洗干净，与冷水同时下锅，烧开去腥后切成一寸见方，放熟猪油烧至八成熟，下狗肉快炒三分钟，再加入黄酒、酱油、精盐炒匀，最后把炒过的狗肉加桂皮等佐料煨两小时即成。

泡茶

泡茶又称糁饭，是洪江人待客的上品茶。糯米蒸熟后做成糯米饭，再用竹篾做成一个圆圈，将糯米饭放入做成饼状，以植物为原料染上红、紫、黄、绿、黑等颜色，待凉晒干备用，食用时再经油炸，干吃脆香可口，早年间多以此泡水当早饭吃，因其既是茶又是饭，故名泡茶。年节时，洪江家家摆出点心、水果和泡茶，邻里朋友品茶聊天。婚宴时，泡茶讲究多，得放上八盘八碗，宾客喝完茶将茶钱放进杯子里并盖上，新娘其后再收取茶钱。

桂花酒

酒采用明清古商城著名苏酒的传统工艺，以优质糯米为主要原料，加入少量白糖、蜂蜜、蛋白等，配以鲜桂花、黄酒曲及嵩云山泉水，用陶缸低温发酵陈酿而成。桂花酒酒液明亮，呈黄褐色，甘甜爽口，浓郁醇厚，回味悠长，具有独特的桂花香味。

炒仔鸭

传统制法要用洪江甜酱爆制，烹调时要爆透焖足。鲜红辣椒、子姜、鸭血糍、五花肉是必不可少的配料，此菜味道酱香浓郁，鸭味十足，有别于其他地方香料味道盖过鸭味的炒仔鸭。

怀化侗乡风味

怀化是湖南少数民族聚居地之一，其饮食文化以侗族的最具特色，大致可用「杂」（膳食结构）、「酸」（口味嗜好）、「欢」（筵宴氛围）三个字来概括。侗族人食不离酸，盛宴中更是碗碗见酸，菜色以辛香酸辣、腌制、熏制及腊食闻名。通道侗家腌肉，味美独特；侗寨酸鱼全席，更是世界罕见，当中丰富多彩的饮食文化中，还包含了许多神奇的内容。

侗族饮食四奇

一奇：杂异的食源

侗族地区大多日食四餐，两饭两茶。常见食料不少于五百种，天上飞的，水里游的，地上长的，草中爬的，只要能吃，无不取食，而且凡能到手的，均能巧加利用发挥，制成美味的菜肴。

二奇：无菜不酸

自古便有侗不离酸的说法，侗族人自己亦称"三天不吃酸，走路打倒窜"。侗家菜中，带酸味的占半数以上，他们无菜不腌、无菜不酸，甚至猪、牛、鸡、鸭、鱼虾、螺蚌皆可入腌渍，而且保存时可长达二三十年，非有大庆大典不开坛。

三奇：欢腾的宴席

在侗家人的心目中，"糯米饭最香，腌酸菜最可口，宴席上最欢腾"，他们宴客时要打"桐粑"、迎宾时设"拦路酒"、席上又有"鸡头献客"、"油茶待客"、"吃合拢饭"、"喝转转酒"等文化。清人诗云："吹彻芦笙岁又终，鼓楼围坐话年丰，酸鱼糯饭常留客，染齿无劳借箸功。"描绘的正是侗寨欢宴宾客生动情景的写照。

四奇：谢厨师

侗族人敬重厨师是其饮食文化中一个奇特的内容，在许多宴席上客人与厨师都要对唱，互相致谢。

美食
推介

油茶

侗族人的第二主食，近似菜肴，用茶叶、米花、炒花生、酥黄豆、糯米饭、肉、猪下水、盐、葱花、茶油等混合制成的稠浓汤羹，既能解渴，又可充饥。人们早餐和每顿饭前都要吃油茶。

芷江鸭

自元朝开始，芷江侗族就有中秋节必吃芷江鸭的传统食俗，同时有将制好的鸭制品赠送亲朋好友的习惯。芷江鸭利用芷江本地野生芷草等多种天然香料，加上侗乡传统工艺精细烹调而成，具有皮色鲜艳、滑爽不腻的特色。相传清顺年间，乾隆皇帝南巡，途经芷江闻其香而醒神，食后称之为天下佳肴。清西湖制台魏武庄调任云贵时途经芷江，品尝了三癫子的炒鸭后，大加赞赏。此菜香、酥、脆、辣，鲜味醇香，口感独特，流传至今。

侗乡习俗：打油茶与吃油茶

打油茶是侗族生活中不可缺少的习俗，意思就是做油茶，油茶待客是侗族的重要礼仪。打油茶时，先将煮好的糯米饭晒干，用油爆成米花，将一把米放进锅里干炒，然后放入茶叶再炒一下，并加入适量的水，开锅后将茶叶滤出放好。待喝油茶时，将事先准备好的米花、炒花生、猪肝等放入碗中，将滤好的茶斟入。喝茶时，主人只给客人一根筷子，如果你不想再喝，就将筷子架到碗上，这样主人就不会再斟下去。"吃油茶"在侗族有另一意思，是未婚青年向姑娘求婚的代名词。倘有媒人进得姑娘家门，说是"某某家让我来你家向姑娘讨碗油茶吃"，一旦女方父母同意，男女青年婚事就算定了。

长街合拢宴

合拢宴是侗家人独有的宴客习俗和最高礼节。当一个寨子来了共同的贵宾,人们便把自家好吃的拿出来,或开坛取腌鱼腌肉,或杀鸡杀鸭,自带甜酒、泡酒、粘米饭、粳米饭等,拿出饭桌或用洗干净的木板连在一起,在广场上摆成长龙式的宴席招待客人。宴会中要喝

"转转酒"表示亲热,也称"串杯",即每人各喝邻座杯中的酒。吃菜要吃"转转菜",一家的菜碗一人接一人传开,让每人都能吃到。宴席结束时,主人长者端起自己的杯递给身边宾客,依次往下递,开成一个大圈,一同饮尽。

☐ 火烟腊肉

侗食 每到春节，侗族人把自家的大肥猪大卸八块招呼邻舍亲友，余下有排骨粘连的猪肉都会精心地制作成火烟腊肉，待三荒四月青黄不接时，便从火塘上取下腊肉烹煮。腊肉熟透后，猪皮如寿山石般黄亮，肥肉如琥珀，瘦肉像黑玛瑙，就着自制小锅米酒一起吃，满屋香气四溢。

☐ 酸汤鱼

侗食 侗族红酸汤与苗族白酸汤的制作不同，酸汤以山地番茄、红辣椒为主，佐以花椒、木姜籽、薄荷叶等多种配料配制而成，盛于土坛瓦罐中待用。传统烹制侗族酸汤鱼以农历十月开田割禾时的田鲤鱼为最佳。烹调时放木姜籽、鱼蓼、大蒜、鱼香菜等香料调味。在香料中，以木姜最为讲究，俗话说"没有木姜就没有侗家酸汤鱼"。吃时可用豆腐、广菜、毛毛菜等作配菜。

美景推介 ◀ **通道皇都侗寨** 位于"百里侗文化长廊"中心地带的黄土乡，现已建成"通道皇都侗民族文化村"。皇都侗寨由头寨、盘寨、尾寨、新寨共同组成，前三个寨子连为一体，新寨则处于一个半岛上。侗族的民族建筑非常富有特色，主要分民居与公共建筑，前者大部分为杉木结构吊脚楼，后者包括寨门、风雨楼、鼓楼等。名为普修桥的风雨桥和公路相通，与另三个寨子隔河相望。村寨中现有吊脚楼500余座，形成气势磅礴的侗族吊脚楼群，以及四座鼓楼与一座风雨桥。

湘北美食

口皆碑的洞庭风味名肴。

炖煮，俗称蒸钵炉子。代表菜如芙蓉鲫鱼、冰糖湘莲、银鱼等，都是有

湘北是著名的洞庭湖平原，素称鱼米之乡。在《史记》中就有楚地「地势饶食，无饥馑之患」的记载，当地以烹制河鲜、家禽见长，多用炖、烧、腊的制法，特点是芡大油厚，咸辣香软。炖菜常用火锅上桌，民间则用蒸钵置泥炉上

⊂ 冰糖湘莲

特色 甜菜中的名肴。西汉年间，白莲是进贡汉高祖刘邦的美馔，故湘莲又称贡莲，主要产于洞庭湖区一带，有红莲、白莲之分。其中白莲圆滚洁白，粉糯清香，位于全国之首。诗人张楫品尝"心清犹带小荷香"的新白莲后，曾发出"口腹累人良可笑，此身便欲老湖湘"的感叹。此菜盛于明清，最早称"粮莲心"，不过当时制作较简单，自近代才用冰糖制作，故称冰糖湘莲。

⊂ 君山银针

产于洞庭湖中的君山，形细如针，故名君山银针。属黄茶。其成品茶芽头茁壮，长短大小均匀，茶芽内面呈金黄色，外层白毫显露完整，而且包裹坚实，外形像一根针，雅称"金镶玉"。君山茶历史悠久，唐代已生产，据说文成公主出嫁西藏时，就选带了君山银针茶，它的香气清高，味醇甘爽，茶汤杏黄明澈，芽壮多毫，喝后滋味甘醇，久置而不变其味。

洞庭银鱼

特色 又名面条鱼、冰鱼，是一种小型鱼类，身体细长、半透明、裸露无鳞。人们发现洞庭湖银鱼不但洁白，而且肥美鲜嫩，于是有人把它烹制成各式各样的菜肴，成为人间不可多得的美味。唐宋时期，就有食用洞庭湖银鱼的记载，如唐人诗云"白白湖鱼入馔来"；宋代张先诗有"春后银鱼霜下鲈"之句，把银鱼与鲈鱼相提并论，可见银鱼已被人们列为鱼中珍品。

岳阳三珍：银鱼、湘莲、君山银针

屈原与洞庭银鱼

据史料记载，银鱼早在春秋战国时就被视为圣鱼、神鱼。据传屈原遭楚顷襄王放逐，怀石沉于岳阳汨罗江，百姓闻之争相投粽子于水中相救，粽子里的糯米饭却使化作一尾尾灵动的白色小鱼儿，千千万万聚在一起，托起屈原，顺江而下，进入洞庭湖后，湖面上顿时白光冲天，引来众多人望光而拜。人们发现并捞起屈原遗体后，在安葬地建庙而祭祀。然而，银鱼却不愿离去，从此便生活在洞庭湖中。

▶ 常德桃花源 相传是东晋大诗人陶渊明笔下《桃花源记》所描述的避秦胜境遗址，距今已有1600余年的历史，后人称"世外桃源"，地处长沙、张家界、三峡、湘西四地的中心，是长沙至张家界及湘西两条旅游黄金线中不可替代的驿站。桃花源有神话故乡桃仙岭、道教圣地桃源山、福地洞天桃花山、世外桃源秦人村四个景区近百个景点。同时，还有百里沅江风景线，战国采菱城遗址、星德山、仙姑洞、热市温泉、宋教仁故居、翦伯赞故居等外围景观，以及潇湘八景之一的渔村夕照。

52

芙蓉鲫鱼

洞庭湖盛产荷包鲫鱼，其体态肥胖丰腴，形似荷包，质地细嫩，甜润鲜美，是鱼类中的上品。此菜以荷包鲫鱼为主料，配以蛋清同蒸，其味道鲜嫩，落口速溶，是湘菜经典。制作时，先把鲫鱼去鳞、鳃、内脏，洗净，上笼蒸10分钟取出，用小刀剔下鱼肉，将蛋清打散，加入鱼肉、鸡汤、鱼肉原汤，拌以调味料，将一半装入汤碗，上笼蒸至半熟取出，再把余下的汤料倒在上面，上笼蒸熟，即为芙蓉鲫鱼。

萝卜丝鲫鱼汤

萝卜有健脾胃、化痰止咳之效，与补气血、温脾胃的鲫鱼一同炖煮成汤，是一道营养丰富的菜肴，特别适合于秋冬季节饮用。白萝卜既可生吃，也可以烫熟后食，如不喜欢生萝卜的辛辣味，可先将萝卜丝"飞水"处理后再下锅炖煮成汤。

益阳松花蛋

已有500多年的历史，以洞庭湖畔所产的鲜鸭蛋为原料，其特点是体软而有弹性，滑而不粘手，蛋白通明透亮，能照见人影，上面有自然形成的乳白色的松枝图案。蛋黄呈墨绿、草绿、暗绿、茶色、橙色五层深浅不同的色彩。味道鲜美，清腻爽口，余香绵长。

▲ **岳阳楼** 位于岳阳市，踞岳阳古城西门之上，下临洞庭，前望君山，北倚长江，为江南四大名楼之一。岳阳楼始建于220年前后，其前身相传为三国时期东吴大将鲁肃的"阅军楼"，西晋南北朝时称"巴陵城楼"，中唐时期，巴陵城改为岳阳城，巴陵城楼也随之称为岳阳楼。历史上无数文人墨客，如诗仙李白，曾在此登览胜境，凭栏抒怀，并记之于文，咏之于诗。登楼后，八百里洞庭湖的湖光山色尽收眼底，它是江南三大名楼中，唯一一座保持原貌的古建筑，有"洞庭天下水，岳阳天下楼"的盛誉。

安化黑茶

源于秦汉时期安化县渠江镇的渠江黑茶薄片，又称为黑茶宗祖薄片，民间相传为张良所造。汉代时，黑茶薄片成为皇家贡茶，《安化县志》和黑茶史料中记载唐皇以产地赐名，称之为渠江薄片，它最初是参照四川乌茶的制造方法改进制成，比乌茶少了青叶气，滋味醇和，兼有松烟香，分类上有三尖、花卷、花砖、黑砖、茯砖、青砖等不同种类，一直备受西北少数民族的欢迎，2010年更走进上海世博园区，成为中国世博会十大名茶之一。

美景推介 ▲ **洞庭湖** 洞庭湖是我国第二大淡水湖，由东洞庭湖、南洞庭湖、西洞庭湖和大通湖组成。 相传为上古时期云梦泽，后因湖心的洞庭山而得名洞庭湖。千百年来，八百里洞庭以其庞大的气魄在中国以及中国文学上屡见不鲜，不仅是人所乐道的美丽湖泊，也是文人墨客竞相歌颂的盛世美景。许多景点都是国家级的风景区，如：君山、杜甫墓、杨么寨、铁经幢、屈子祠、跃龙塔、文庙、龙州书院等，其中最著名的君山，诗仙李白曾用"淡扫明湖开玉镜，丹青画出是君山"之句来形容，它是洞庭湖上孤岛，岛上有72座大小山峰。还有古迹二妃墓、湘妃庙、柳毅井、飞来钟等景点。

湘南美食

湘南地区包括衡阳、郴州、永州三市，在农耕文化和湖湘文化影响下，湘南的菜肴在传统湘菜制作的基础上，吸收了粤、川、赣等各地饮食文化的精华，形成了用料广泛，色彩悦目，质感丰富的特点，其以山珍野味为本，喜用炒、蒸、煨、抖的烹调方法，菜式口味清鲜、原汁原味，既有湘菜之传统，又有湘南生态美食的个性。

永州血鸭

特色 经典传湘菜名肴，在当地，几乎家家户户都会制作此菜，是喜庆宴会和节日百姓烹制的佳肴。其中又以永州新田县、嘉禾县的炒血鸭尤为出名。挑最生猛鲜活的鸭一刀划入颈下，让鸭血淌入盛了料酒的碗内。鸭子去毛剖腹切块，与生姜、干红辣椒、蒜瓣一同入油锅爆炒，然后加入鲜汤焖至快干，最后将鸭血淋在鸭块上，边淋边炒，再加佐料起锅即成。

永州血鸭传说

太平天国起义初期，太平军首领洪秀全率众将士攻打永州城，特命厨师长在天黑前把饭菜做好，好让众将士们吃饱喝足后英勇杀敌。厨师长在煮鸭时发现：由于时间紧迫鸭毛没有拔干净，这样肯定会影响大家的胃口，弄不好误了军机大事有砍头的危险。为了顾大局，也为了保小命，厨师长急中生智，就把杀鸭时的鸭血全倒进了锅里。到了开宴时间，一碗碗拌有鸭血的鸭肴全部端上了桌。结果大家胃口大开，个个吃得肚如战鼓，自然拂晓就大获全胜。庆功宴，有人问厨师长昨晚做的什么菜，老厨子结结巴巴答不上来。最后还是洪秀全之妹洪宣娇说了句："就叫它永州血鸭吧"于是永州血鸭便由此而得名，并一直流传至今。

腊肉炒攸县豆干

特色 攸县豆干是株洲特产，将豆干、腊肉同炒，即成这道湘南地道小炒菜。烹调时，把豆干、腊肉切片，青蒜寸段备用，油热后，把花椒、干辣椒等爆香，放入腊肉炒至微微卷起，再下豆干翻炒，最后加入红油、糖、盐、生抽调味即可装盘。

南岳云雾茶

衡山巍峨秀丽，共有72座山峰，茶树生长茂盛，所产的南岳云雾茶造型优美，香味浓郁甘醇，久享盛名，早在唐代，已被列为贡品。云雾茶形状独特，其叶尖且长，状似剑，以开水冲泡，尖子朝上，叶瓣斜展如旗，颜色鲜绿，沉于水底时形如玉花，甜、辛、酸、苦皆有之，又令人回味良久。

美景推介

▼ 南岳衡山 　五岳之一，有七十二群峰，层峦叠嶂，气势磅礴，有"五岳独秀"、"中华寿岳"的美誉，主峰坐落在湖南省第二大城市衡阳市，东临湘江，南接衡州大道，西邻蒸阳南路，北对中山南路，其中以祝融、天柱、芙蓉、紫盖、石廪五座山峰最有名。南岳有四绝，分别是"祝融峰之高，方广寺之深，藏经殿之秀，水帘洞之奇"。山巅祝融峰，海拔1300.2米，峰上有祝融殿，为明代所建庙宇，峰西有望月台、观日台等的景点，都是登衡山必到之处。

桂阳坛子肉

桂阳坛子肉又名辣酱肉，有瘦肉和五花肉两种，选用当地鲜猪肉放入特产方元五爪辣椒中，用火煨炖四五个小时而成，成菜色泽呈深红色，其味芳香扑鼻，吃起来肉质非常松软，肥而不腻，烂而不腐，入口即化，汤味纯香浓厚，有开胃之效力。

赵子龙的坛子肉

相传坛子肉与三国时期蜀国名将赵子龙有关，赵子龙在攻取桂阳郡时，纪律十分严明，军不扰民，并想尽一切办法安抚人民，深受桂阳老百姓的欢迎和爱戴。为感谢子龙的恩德，老百姓特意用猪肉皮和五花肉放入方园五爪辣椒酱坛子里，用民间传统工艺腌制数月后，赠予赵子龙做下酒菜，其味道又香又辣，深得将军喜爱，他初尝后连连道："妙哉太和辣，美哉坛子肉。"霎时，一大盘坛子肉被赵子龙吃完，桂阳郡坛子肉由此而名扬天下。

◀ 仰天湖　指以仰天巨佛、天湖草原、安源石林为架构组成面积约40平方千米，呈金三角分布的草原风景旅游区，为第四纪冰川期馈赠的一个死火山口，其自然水泊面积20余亩，海拔高度1350米，湖中心半径15千米的范围内，囊括了高原旷野上举世奇观的仰天巨佛和离粤港澳最近的草原湿地景观仰天湖，也有千姿百态、鬼斧神工的安源石林和凝写沧桑、流云漫锁的平头山寨，还涵盖有十里杜鹃、雾海重田、高山观日、晴雪云耕、通天洞峡、滴水岱瀑等十大景观。

祁阳笔鱼

产于浯溪河一带，色黄，体圆，形如毛笔状，故又称为笔鱼，是祁阳地区的传统名菜。煎焖而成的笔鱼，具有鳜鱼的细嫩，青鱼的甘甜，鳝鱼的油润，鳅鱼的鲜香，肉质细嫩，甘甜可口，油而不腻，浓香四溢。

细说笔鱼

宋代大文豪苏东坡有次途经祁阳，被当地山水奇景所吸引，祁阳知县特邀其夜游浯溪，并在船上设宴相待，苏东坡异常兴奋，当他正要挥毫作诗时，毛笔突然被一股旋风卷走，落在江中，立刻变成无数形似笔杆、色泽鲜艳的鱼。古人诗曰："天意东坡不留字，神笔化作席上珍"，祁阳笔鱼便由此得名。

七里米粉鹅

米粉鹅是资兴的地道菜肴，当地人几乎除了鸡之外的肉类，其他都可以配合米粉制作，其中对米粉鹅情有独钟，它之所以出名，因为其香气七里飘香，故此又有称七里米粉鹅。

美景推介 **▶ 莽山森林公园**

有"第二西双版纳"和"南国天然树木园"之称，至今仍保存有6000公顷的原始森林，是湖南省面积最大的森林公园，拥有国家重点野生植物21种，因受第四纪冰川的影响很少，很多第三纪或更古老的植物得以保留下来，属于第三纪森林良好的保存地，是古老植物的避难所。其山高石怪，林幽峰奇，水色天光造就了莽山众多壮丽秀美的景观。莽山多怪石奇峰，如鬼子寨、崖子石和猴王寨景区，集山水的神韵于一身，令游人目不暇接。

东江鱼宴

东江湖号称湘南洞庭，凡是到过小东江，品尝过东江鱼宴的游客，都难忘东江鱼的滋味。湖中常见食用鱼类有近三十多个品种，在众多的鱼类中，尤以东江三文鱼、东江鲑鱼、三角鲂鱼、"雄霸东江"等特色招牌菜。鱼宴上不同种类的东江鱼以不同的做法烹制，清蒸、烧炒、火焙、油炸、水煮等，一路吃下去也乐而不疲。

东江翘嘴红鲌最负盛名，当地大街小巷都写满了"东江活水鱼"、

香煎翘嘴红鲌

湖南省有三种鱼以鱼为食，翘嘴鱼是其中一种，因其嘴巴特别翘而得名。此鱼生活长年生活在湖的底层，因而肉质细嫩，鳞片很小，鱼身颀长而不失丰腴，肉色洁白、肉质清爽。香煎是烹制翘嘴红鲌的惯常方法，利用传统湘菜香煎技法煎过后的鱼肉，外酥内嫩，表面刷上的一层东江湖区农家佐料，色泽金黄、入味甘香，具有浓郁的乡土风味。

竹香糯米鱼

糯米和鱼块组合在一起的佳肴。先把鱼洗净切块，放入容器加入所有调料拌匀腌制，将泡好的糯米沥干分放腌好的鱼块拌匀，用粽叶包好上笼一小时，即成了一道香气四溢的美食。

农夫鱼

体形细小，盛产于东江湖和洞庭湖，经油炸、腌制后，可制作成零食小吃，常见于湖南大小超级市场和便利店中，口味有麻辣、香酥、绝辣等。鱼宴上的农夫鱼，多以煎、炸方法烹调，入口酥香。

鸿运当头

即湖南名菜剁椒鱼头。以鱼头的"味鲜"和剁辣椒的"辣"为一体，风味独具一格。菜品色泽红亮、味浓、蒸制的方法让鱼头的鲜香被尽量保留在鱼肉之内，剁椒的味道又恰到好处地渗入到鱼肉当中，火辣辣的红剁椒，覆盖着白嫩嫩的鱼头肉，是鲜与辣的完美搭配。

东江三文鱼

伊鱼 在东江湖众多鱼类中，以东江三文鱼名声最大，在湖南水域中，只有东江湖大坝外的小东江得天独厚，从湖底透出的温度较其他湖低许多，刚好适合三文鱼的生长。吃三文鱼要生吃，把三文鱼洗干净，切成薄片，放在盛有冰块的盘子上，吃时每人一小碟子，在碟子中倒上老抽酱油和芥末膏，三文鱼的鲜美、滑嫩，配上芥末的刺激，让人不能抗拒一尝再尝。因当地盛产三文鱼，平日价钱不甚相宜的佳肴，当地人笑称可以当萝卜来吃。

红糖青鱼

伊鱼 青鱼很新鲜很肥大，鱼刺也不多，一般会以糖醋烹制。将鱼洗净，沥干水分，切成鱼段，炸至金黄捞出，锅中放新油，等油热后，放入花椒，八角和葱姜炒香，再放入炸好的鱼段加生抽、糖、醋同煮即成。

（以上图片由资兴旅游局提供）

美景推介 ▼ **小东江** 资兴旁那条小江，人们一直叫它小东江，因为截江成功而成了一个大湖——东江湖。东江湖素有湘南洞庭之称，集山的灵秀、水的神韵于一体，每年的4月～10月，东江湖风景区门楼至东江大坝12公里的小东江狭长平湖上，云蒸霞蔚，宛若一条玉带在峡谷中飘拂，吸引了大批摄影爱好者前往拍摄。 **门票：¥52**

鄂菜

鄂东（武汉、鄂州）

鄂西南（洪湖、宜昌）、鄂西北（襄阳）

鄂 历史

　　湖北位于长江中游，洞庭湖以北，是连接东部沿海地区与西部广大内地的中间地带。湖北菜，简称鄂菜。早在两千多年前，具有楚乡风味的鄂菜在广阔富饶的江汉平原上已具雏形；唐、宋两代鄂菜有了明显的发展；到了明、清时，鄂菜趋于成熟。从地理交通上看，武汉市号称"九省通衢"，自古以来就南接三州，北集京都，上控陇阪，下接江湖，交通便利，为省内外的经济交往提供了有利的条件，再加上政治的影响，使得其他地区和省份的饮食风俗及特色美食较早传至湖北，部分经过当地人民的精心改良后，已成为独有的鄂菜风味。

主要分布区域

武汉市、十堰市、荆州市、
宜昌市、襄阳市、鄂州市、
荆门市、孝感市、神农架林区、
恩施土家族苗族自治州等

十堰市

神农架林区

襄阳市

随州市

荆门市

孝感市

宜昌市

天门市

武汉市

黄冈市

潜江市

仙桃市

鄂州市

黄石市

恩施土家族苗族
自治州

荆州市

咸宁市

饮食文化

湖北地域广大，根据各地区的食俗差异，可分为鄂东、鄂西南及鄂西北三个饮食风俗区域。鄂东又分武汉菜、荆沙菜、鄂州菜三种不同的地方风味。武汉菜汲取了各地菜式的长处，善于变化，菜肴品类繁多，烹调注重刀功火候，尤其是煨汤技术，有其独到之处，致使瓦罐煨汤成为武汉食俗中的一大特色。鱼肴清蒸武昌鱼，是鄂菜中数一

数二的经典名菜。湖北人根据武昌鱼肉质细嫩、脂肪丰富的特点，创制出清蒸武昌鱼的吃法，让品尝过的人，无一不体会到唐代诗人岑参"秋来倍忆武昌鱼"的个中滋味。

荆沙菜以荆州、沙市、宜昌为中心，这地区是鱼米之乡，食俗重鱼，家常便饭、贵客临门、婚丧祭祀间皆有鱼，无鱼不成席。早在汉朝，荆州人已"饭稻羹鱼"，鱼在他们手中

变化出各种美味佳肴，除了武昌鱼，还有皮条鳝鱼、鱼糕丸子等一道道精美的鱼肴，全都可让人大快朵颐。鄂州菜并随楚文化的发展而兴盛，其风味在两千多年前已初见端倪，可见其历史之悠久。鄂西南地区，包括恩施土家族苗族自治州和宜昌西部，因山高谷深，气候具有高原特色，加上食俗具少数民族的特征，饮食文化在鄂菜中尤其突出。土家人在口味讲究酸辣，常年以辣椒、生姜、蒜等作佐料，吃不离酸。他们擅于粗粮细做，能把各种杂粮做成不同的美食，如苞谷，嫩时可煮可烧，也可磨浆制成粑粑、汤圆。鄂西北包括以襄阳为中心的随州、荆门、神农架等地，在饮食风俗上，偏东部分受鄂东影响较大；西部及西南部受四川影响不小；北部则受河南、陕西饮食文化渗透，但同时也有鄂西北饮食的特色。

武汉美食

武汉历史悠久，占尽九省通衢之便利，形成了独具特色的菜肴和名目众多的风味小吃。武汉菜的花色品种较多，注重刀工火候，讲究配色与造型，尤其以煨汤技术最为独到。著名佳肴有清蒸武昌鱼、元宝肉、皮条鳝鱼、珍珠丸子、洪山菜薹炒腊肉、石首鸡茸鱼肚等。与此同时，五花八门小吃，如豆皮、热干面、金包银糍粑、四季美汤包等，在首义园美食街、户部巷、汉口商业闹市区等小吃大街都十分流行。

 ## 清蒸武昌鱼

特色

武昌鱼在武汉，乃至湖北的饮食史中，占有举足轻重的地位。1700多年前，便有童谣将武昌鱼唱了进去，此后一千多年中，吃过此鱼的诗人，都忍不住要吟咏一下武昌鱼。如唐代岑参曾写："秋来倍忆武昌鱼，梦魂只在巴陵道。"武昌鱼的吃法以清蒸为最佳，一次放料，一气蒸成，原汁原味。制作时，选用两斤左右的武昌鱼，除去鳞鳃内脏后洗

净，用刀锋在鱼两面划兰草形，涂上一层猪油，加上少许精盐、烧酒、姜片、葱丝、香菇、味精等佐料，连盘放入蒸笼，在旺火上蒸约15分钟，出笼再在鱼上缀红黄绿各色菜丝，鱼肉入口滑嫩爽口，是湖北全鱼宴上的主角。

武昌鱼神仙汤

武昌鱼学名"团头鲂"，体型侧扁而高，有十三根半刺。相传三国时期，孙权为庆祝新船下水，命人在船上设宴，席上有一盘喷香的清蒸鳊鱼，这鱼头小颈短，脊背又宽又平，有别于一船鳊鱼，孙权连吃三大盘后，问大臣此鱼从何而来，大臣召来渔翁回话，渔翁答道此鱼出自武昌梁子湖。每当水涨季节，它游到樊口，喝一口清水吐一口浊水，七天七夜后，鱼的黑鳞变成白鳞，鱼刺能解酒。孙权半信半疑，喝下放了鱼刺的开水后，顿觉一下子清醒许多，大喜过望，就封它叫"武昌鱼"，从此它便成了历代君王的美餐。

精武鸭脖

经典湖北小吃，虽然在全国每个城市的大街小巷，都可以找到卖精武鸭脖子的小店，但最正宗的鸭脖还应该到武汉汉口的精武路上来找。这条坐落在武汉市汉口镇老城区的狭窄的小街正是闻名全国的鸭脖子的发源地，路上堆到高高的红色鸭脖，已成为城市一道特殊的风景线。精武鸭脖的特色是香辣透味，入口略带一点麻辣，肉不多，一丝丝藏在骨头缝里，要细细地啃才能吃出个中滋味，愈嚼到骨头里，香辣的味道愈重。

精武鸭脖在哪里买最正宗

首推汉口精武路。另外，武汉三镇到处也可见到精武鸭脖店，几乎都是从精武路进的货，或是精武鸭脖的加盟连锁店，每家店铺售卖的鸭脖子基本都有保证，你可根据自己的口味挑选辣、特辣或不辣等口味。如果要带到外地去，可以告知营业员，可以提供现场真空处理服务，不用担心带在路上会变坏的问题。

美景推介

▶ **黄鹤楼** 江南四大名楼之一，有"天下江山第一楼"之称，楼高5层，共50.4米，始建于三国东吴黄武二年（公元223年），历代屡修屡毁，现在的建筑是于1985年重修的。第一层大厅的正面墙壁，是一幅以"白云黄鹤"为主题的巨大陶瓷壁画。两旁立柱上悬挂着长7米的楹联。第二层用大理石镌刻的《黄鹤楼记》，记述了楼的兴废沿革和名人轶事。还有"孙权筑城"、"周瑜设宴"等壁画。第三层大厅内是"绣画像"壁画，描绘了中国古代诗人李白、白居易、陆游、岳飞等人的形象，还摘录了他们吟咏黄鹤楼的名句。现在的黄鹤楼改建为黄鹤楼公园，在主楼周围还建有胜象宝塔、碑廊、山门等建筑。

⊗ 地址：湖北省武汉市武昌区蛇山西坡特一号

★蔡林记热干面馆

　　湖北人爱吃热干面，特别是早餐，人们十之八九都会首先想到热干面。蔡林记是一间百年老字号面馆，主要经营热干面系列的特色小吃，其热干面晶莹爽口，味道鲜美，深受广大市民的赞赏，历久不衰。热干面讲究提前煮面，称之为"掸"，掸面的火候很讲究，当面上留有白白的硬心时就立刻捞出。

🏠 地址：湖北省武汉市江汉区民生路统一街工艺大楼附近(近大洋百货南门)

▶ 辛亥革命博物馆　全称为武汉辛亥革命博物馆，也称武汉辛亥革命纪念馆，是中华民国军政府鄂军都督府旧址，俗称红楼。

纪念馆是在红楼内开辟的以纪念辛亥革命为主题的专题性展馆，馆名由宋庆龄题写，馆内收藏有与辛亥革命有关的历史文物1000多件，历史照片10000余张，分为辛亥革命武昌起义史迹陈列、孙中山先生生平事迹展览、黄兴先生生平事迹展览等

基本陈列；纪念馆楼前建有碧樟广场，广场中矗立有国父孙中山先生的铜像。

🏠 地址：武汉市武昌区武珞路1号

青山麻烘糕

已有近百年历史的传统糕点，它既有米烘糕香、松、脆、爽的特点，又有云片糕甜润易溶的风格。麻烘糕选料讲究，采用应山县的糯米、咸宁市桂花、黄梅县的黑芝麻及上等绵白糖精制而成。吃起来具有麻仁、桂花的香味，又有疏松、甜、脆、爽口的特点。

略有区别，因表层裹上了一层泡发的糯米，蒸好后，糯米颗颗饱满、雪白晶莹，形似珍珠而得名。此菜结合了湖北菜的丸子和蒸菜的两种做法，虽是肉菜，却入口不腻。

珍珠丸子

湖北人喜欢叫丸子为"圆子"，所以这个珍珠丸子如果用湖北话说，应该叫"珍珠圆子"。它取团圆的好意头，通常在过年过节时才做，是一道比较正式的家宴菜。它和普通的丸子外形

▶ 归元禅寺

创建于清顺治十五年(1658年)，是武汉佛教四大丛林之一，有殿舍200余间。1922年建的新阁是归元寺的一大宝藏，除藏经外，还有佛像、法物、石雕、木刻、书画碑帖及外国友人赠品。有两件令人惊叹的珍品：一是在长宽不过6寸的纸面写着由5424个字组成的"佛"字。写着全部《金刚经》和《心经》原文；二是血书《华严经》和《法华经》。寺内中院有放生池。两侧分别为钟楼和鼓楼，还有翠微泉、翠微古池、翠微亭等景观。院内梅花、桂花、玉兰、紫薇等百花吐艳，松柏、棕榈相映，山石盆景相辉，形成景色宜人的翠微妙境。御指挥使邱广修复加固，呈南北长、东西窄条状，共设九座城门，至1924年，

政府修筑环城马路，仅保留天心阁古城墙，其长251米，高13.4米，存南、北两月城。今古景区内的古炮、月城、崇烈亭、崇烈门等，是长沙为数不多的文化载体和历史遗址。

🚩 地址：武汉市汉阳区翠微路西侧

元宝肉

元宝肉是一道名字很喜庆的年菜肉食美味，因为在里面加入一些蛋，如同一个个小元宝而得名。湖北人过年欢度春节时，全家老幼团聚，在农历腊月三十晚上吃团年饭的家宴上，大家都喜欢吃这个菜，以示新的一年里财源广进，富贵吉祥，万事如意。这道肉食美味，色泽鲜明，咸香味美，尤其是里面的蛋吸收了肉汁和调味料的香味，使得味道更加入味好吃。在年菜餐桌上有吉庆如意的好意头，菜色美，造型美，个个似真元宝，蛋肉相映，滋味各具特色。

元宝肉与朱青天

相传在清朝，出身湖北监利的朱才哲为人正直、为官清廉，出任台湾府宜兰县令时，深得民心，百姓称他为"朱青天"。他在台湾度过32年，告老返乡时，百姓送来众多礼品，朱才哲一一谢绝，只携带32口装着鹅卵石的木箱离开。他登船离开台湾后，发现有几条小船尾随疾驶，原来是新任道台不信朱才哲是清官，认定木箱子内的是私房积蓄，便带人追索箱子。新任道台对朱才哲讥笑说："有道是三年清知府，十万雪花银。"朱才哲明白他的来意，气上心头说："如果箱内不是金银怎么办？"新任道台回答如箱内不是金银，愿开一箱赔两箱元宝。打开箱子后，发现全是大小的鹅卵石。新道台羞愧地说："我开了的箱子，愿实践诺言，赠装元宝。"朱才哲答道："大人不必破财，你出钱赔偿，还不是出自台湾的民脂民膏。"说完即命家厨用鸡蛋煮肉送上，并说这是家乡上等佳肴。新道台感动不已，表示一定要借这真正的"元宝肉"激励自己廉洁施政，从此"元宝肉"这一菜肴便传遍湖北与台湾。

粉蒸肉

又叫粉蒸大肉，商周时"糁食"演变发展而来。据文献记载：古代的粉与肉拌匀，用煎皂法制成糁食。到了隋唐时代用碎肉与面粉笼蒸肉，称为"同阿饼"。这个样一道菜，不同地方都有不同的风味，有用小麦面粉、也有用大米、粳米的。湖南的粉蒸肉口味偏辣；北京人的做法会加入腐

乳汁，四川会在腌肉时加豆瓣酱，而湖北的粉蒸肉，味以清香为主，肉下面要垫同样拌了米粉的蔬菜一起蒸，吸收了肉的油分和味道的粉蒸蔬菜酥软甜美，而融合了蔬菜清香的肉也吃起来不觉得油腻。

石首鸡茸鱼肚

此菜最难得的是它的主要原料石首笔架鱼肚，当地有这样的说法："此物唯独石首有，走遍天下无二家。"长江流域鱼在石首市长得特别肥美，有一米多长，重达一二十公斤，质细嫩，味道鲜美，鱼鳔肥大厚实，独特别致，外形像石首长江边的笔架山，笔架鱼肚因而得名。此菜以石首鸡茸鱼肚和母鸡脯肉为主料烹制而成，成品味美可口，营养丰富。

洪山菜薹炒腊肉

特色 产于武昌洪山一带的红菜薹，颜色紫红，脆嫩清香，营养丰富，常食不厌，是武汉人冬春两季的家常菜之一，同武昌鱼一起被誉为楚天两大名菜。清人在《汉口竹枝词》中唱道："不需考究食单方，冬月人家食品良，米酒汤圆宵夜好，鳊鱼肥美菜薹香。"清末慈禧太后常差人来楚索取洪山菜薹，又视之为"金殿玉菜"。此菜选洪山宝通寺周围种植的鲜嫩菜薹，主要吃薹，烹调时，把腊肉与菜薹下锅同炒，吃时菜薹鲜嫩脆香，腊肉醇美柔润，别有风味。

美景推介 ▲ **东湖** 是武汉市最大的风景游览区，面积达80余平方公里，比杭州西湖大6倍之多。东湖湖岸曲折，港汊交错，素有九十九湾之说，至今已形成了听涛区、磨山区、珞洪区、落雁品等六个游览区，景观景点100多处。33平方公里的水域浩瀚，12个大小湖泊，120多个岛屿星罗棋布，112公里湖岸线曲折，环湖34座山峰绵延起伏，一千余亩山林林木葱郁，一年四季，景色诱人。

鲜鱼糊汤粉

特色 一年四季都适合吃的早点，鲜鱼糊汤粉比一般吃的米粉要更细，入汤后口感也更加爽滑，汤味鲜美，因为加了大量的白胡椒粉，冬天吃有暖身活血的效果。在湖北，经营鱼糊汤粉的店大多是老店，手艺代代相传，因此店名亦多以自家的姓氏命名，比如大名鼎鼎的"徐嫂糊汤米粉店"。制作时，选用个头极小的活鲫鱼，加水和姜熬煮，一直到鱼骨全部化掉，加入各类调料、淀粉和大量白胡椒粉调成鱼糊，加入米粉，撒上少许盐、一勺辣萝卜丁、少许葱花，一碗糊汤粉就做好了。食时不但要吃米粉，鱼糊更是不能浪费，一定要全都喝完，亦可配上油条或油炸馓子同吃。浸泡在鱼糊里的油条，吸满鲜美的鱼汁，味道格外好。

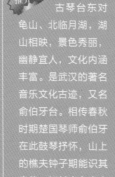

红油牛杂米粉

特色 在武汉的小吃市场，很多时候会看见一口巨大的铁锅，锅用铁皮做出好几圈间隔，分别盛装不同的汤，最外面的一圈浮满红油的就是红油萝卜牛杂汤，靠里的一圈或许是红油牛腩，或者红烧牛腱，而最中间的小圈，通常是牛骨汤，用来烫米粉，做汤头。米粉可用宽米粉或手工米粉，前者有咬头，后者较细滑，吸收牛杂汤汁的米粉，口感柔软，在红油的浸润下，显得更加爽滑弹牙。

油炸糍粑鱼

特色 糍粑鱼是一种代表湖北地方特色的经典美食。在湖北家家户户都会做糍粑鱼，其制法简单，通常用草鱼、青鱼等鱼剁成块，用盐、料酒、花椒、辣椒、生姜等调料腌制入味后冷冻起来，吃时先将糍粑鱼解冻，后用油炸或香煎方法烹调，其特点是肉质坚实、麻辣醒胃，食之满口生香。

美景推介 ▶ 古琴台

古琴台东对龟山、北临月湖，湖山相映，景色秀丽，幽静宜人，文化内涵丰富。是武汉的著名音乐文化古迹，又名俞伯牙台。相传春秋时期楚国琴师俞伯牙在此鼓琴抒怀，山上的樵夫钟子期能识其音律，知其志在高山流水。伯牙便视子期为知己。几年以后，伯牙又路过龟山，得知子期已经病故，悲痛不已的他即破琴绝弦，终身不复鼓琴，后人感其情谊深厚，特在此筑台以纪念。

🏠 地址：武汉汉阳区琴台路盘10号

瓦罐煨鸡汤

在湖北人的传统观念中，喝汤比吃肉养人，家里来了贵客时，主人端上一罐浓浓的鸡汤，也是表示对客人的最高礼遇。好的瓦罐鸡汤，鸡一定要用土鸡，最好用产于黄陂、孝感一带的肥嫩母鸡。将鸡块投入油锅爆炒，再倒入盛有沸水的瓦罐内，可加少量香料，然后用生姜、清水，以旺火煮熟，再以小火煨透。烹调时，盐一定要在最后才放，因放早了会导致蛋白质凝固，这样鸡肉的鲜味就不易溶于汤中。一罐成功的鸡汤，鸡肉肥嫩酥烂，汤汁金黄香浓。在武汉众多瓦罐鸡汤店中，又以小桃园的瓦罐鸡汤最为著名。

🍲 **小桃园瓦罐鸡汤地址：** 湖北省武汉市江岸区汉口胜利街兰陵路64号

四季美汤包

坐落在汉口中山大道附近的一家知名小吃店。最初以售卖炸春卷、冷食、酥饼等一类小吃为主。后来厨师在江苏的小笼包基础上，研制了武汉的小笼汤包应市，受到顾客的好评，被誉为"汤包大王"，该店从此变为主要供应小笼汤包的汤包馆，馆中的汤包具有皮薄、汤多、馅嫩、味鲜的武汉风味特色，除鲜肉汤包外，他们还应时令制作蟹黄汤包、虾仁汤包、香菇汤包、鸡茸汤包和什锦汤包等。吃汤包时，先轻轻咬破汤包的表皮，慢慢吸尽里面的汤汁，再吃皮子和肉馅，这样就可真正领略到小笼汤包的特有滋味。

🍲 **地址：** 湖北省武汉市武昌区武昌彭刘杨路232号首义园内

戶部巷小吃

户部巷是武昌城内，民主路西段以北，一条长一百五十米，宽四米的明、清古巷，被誉为"汉味小吃第一巷"。巷子入口刻着武汉市曲艺表演艺术家何祚欢的题记："汉味早点米当先，户部巷里快热鲜"。巷道两侧多为老式砖木店铺，以售卖传统小吃、早点为主。

◣ 三鲜豆皮

最初是武汉人逢年过节时特制的节日佳肴，后来成为寻常早点。色泽金黄透亮，鲜艳夺目，皮薄软润爽口，滋味鲜美，含有虾、菇、肉香。三鲜豆皮在制作过程中，要求"皮薄、浆清、火功正"，这样煎出的豆皮才能外脆内软、油而不腻。

◣ 今楚汤包

吸取了扬州、镇江、上海汤包之精华，结合汉味特点，用财鱼、老鸭汤等冷冻后与皮冻混合碾碎，拌以肉馅等，经过数道工序加工蒸制而成。其特点是皮薄、汤多、馅大、味鲜美醇厚而不腻。

◣ 陈记烧梅

武汉的烧梅其实就是烧卖，与广东点心中的烧卖不同，湖北的烧卖都是以糯米做内馅的，因为外形似梅花，所以又叫烧梅。陈记烧梅在户部巷的店面不大，门口是卖烧梅的大蒸屉，烧梅出锅时冒着白气特别诱人，其烧梅皮薄馅香，在户部巷颇有名气。

热干面

与山西刀削面、两广伊府面、四川担担面、北方炸酱面并称为中国五大名面。传统的武汉热干面，面质软绵爽口中透出一股嚼劲，既不黏牙，也不生硬，用筷子夹起面条，芝麻酱滑爽而不粘，烫过的面就着热劲膨胀开来，把酱汁完全吸进去，香气扑鼻。

熊记汽水包

包子一块五一个，卖相和造法有点像上海的生煎包，包底微焦，以用圆形平底锅煎制而成。一口咬下去，才发现里面的都是糯米馅，略带胡椒味，中间有汤汁，看起来有点油腻，但糯米入口软熟，口感跟上海的生煎包完全不一样。

金包银糍粑

面窝一类的小吃。在窝形中凸的铁勺上，浇上用大米、黄豆混合磨成的米浆，再撒上黑芝麻，放入油锅里炸，很快就可制成边厚心薄、色黄脆香的圆形米饼。因制成品分内外两层，色泽金黄，外形如金包银而得名。

臭豆腐

臭豆腐是中国民间特色小吃之一，分臭豆腐干和臭豆腐乳两种，不同地方的制作方式和食用方法也有相当大的差异。在武汉，大家都喜欢吃一种色泽纯黑，呈厚块状的臭豆腐。这种豆腐炸出来皮焦肉嫩，味道特别好。

黄金小面窝

武汉人常食的早点之一，以米粉为原料，加上葱花、芝麻，入油炸制而成。据说为清光绪年间汉正街烧饼小贩所创制。面窝油炸后两面金黄、香酥可口、深受武汉人的喜爱。

湖北全鱼宴

长江流域是我国淡水鱼产量最高的地区之一，湖北处长江中游，有八百公里的江面横贯全省，省境内上百个大小湖泊都与长江相通，单是长江水系的鱼类，已知的约有一百七十余种，因此鄂菜又以"水产为本、鱼鲜为主"。鄂菜名厨个个都是烹鱼好手，人人都能做出全鱼大宴。单独以鱼为原料的佳肴就有几十种，当中包括全鱼类、鱼糕类、鱼丸类等，有所谓"无鱼不成宴"的说法，一桌全部由鱼肴组成的全鱼宴，已成为湖北人招待上宾的传统筵席。

开屏武昌鱼

特色 武昌鱼是鄂菜中最具影响力的食材之一，亦是全鱼宴上的主角。一道清蒸武昌鱼用绝妙精细的刀法，把鱼切成腩部相连的连刀鱼片，展开成为美丽的孔雀开屏卖相。鱼肉由于切成薄片，易于蒸熟入味，吃起来鲜嫩爽滑，是色、香、味俱佳的美食佳肴，有"湖北第一菜"的美誉。

香炸鲈鱼

特色 鲈鱼又名为花鲈、寨花，肉质白嫩清香，没有腥味，肉为蒜瓣形，香炸、清蒸、红烧或炖汤皆宜。铁板香炸鲈鱼造型美观，口味鲜嫩，制作时把鲈鱼下入温油锅中浸炸成熟，捞出。在锡纸上垫以洋葱丝，浇上黄油，放入鲈鱼，浇上调好的芡汁，用锡纸包裹、放在烧热的铁板上，即可上席。

红烧鮰鱼

特色 长江、川江、闽江及珠江一带也有鮰鱼，但以长江武昌至石首江段生长的鮰鱼最好。这道菜以火工精妙著称，鱼剁成块后，下油和清水同煮，小火烧出自然芡，鱼和皮并重，入口时鱼肉鲜懒、鱼皮软糯，嘴里有类似胶着的感觉。

一种武昌鱼有多少种做法

"才饮长江水，又食武昌鱼"，毛泽东这诗句使武昌鱼天下驰名。全国二千多个淡水鱼种类中，武昌鱼声名最为显赫，它的经典做法以清蒸为主，在一场全以武昌鱼为素材的全宴中，还可以品尝花酿武昌鱼、茅台武昌鱼、蝴蝶武昌鱼、广米海参武昌鱼、杨梅武昌鱼、风干武昌鱼、红焖武昌鱼等三十多种不同的制法。

荆沙鱼糕

又名百合糕，俗称荆州花糕，南宋时，权贵宴请宾客都把鱼糕作为宴席主菜。清朝时达官贵人婚丧嫁娶，喜庆宴会都须烹制制鱼糕宴客，是全鱼宴上不可缺少的鱼糕类佳肴。主料有鱼肉、生粉、鸡蛋、肥膘肉，先用搅拌器把剔掉骨的鱼肉搅成鱼茸，加入碎猪肉、蛋清、姜水、生粉等搅拌成稀粥状，旺火蒸半小时，冷冻后切片，即成晶莹洁白，软嫩鲜香的荆沙鱼糕。

百合糕的由来

鱼糕又名百合糕，传说舜帝携娥皇、女英二妃南巡，经过荆州时，因路途劳累，娥皇染疾不思茶饭，唯欲吃鱼而厌其刺，于是善良的女英得当地渔民的指导，把鱼蒸成鱼肉糕，娥皇吃后病情迅速好转。舜帝知道后，对鱼肉糕大加赞宾，鱼糕因此在荆楚一带广为流传，春秋战国时开始更成为楚宫廷头道菜，直到清朝，乾隆尝到荆州花糕后脱口而咏"食鱼不见鱼，可人百合糕"。百合糕因此而得名。

肥鱼火锅

长江肥鱼是中国名贵的淡水鱼类，它肉质细嫩，肉味鲜美，含脂量高，特别肥厚，故此称之为"肥鱼"。此鱼洄游在长江中上游，以西陵峡一带所产最为鲜嫩，放在小炉上炖着，煲汤至奶白色，越到后面味道越醇美，鱼肉滑嫩爽口，并具有很高的营养价值。

美景推介 ▼ **神农架国家地质公园** 东与湖北省保康县接壤，西与重庆市巫山县毗邻，南依兴山、巴东而濒三峡，北倚房县、竹山且近武当。相传华夏始祖炎帝神农氏在此搭架采药，亲尝百草而得名。神农架保存了当今地球中纬度地带最完好的原始森林生态系统，园区内森林覆盖率达96%以上，有维管束植物3400余种，各类动物493种，特有植物116种，被列入国家级保护的珙桐等珍稀植物26种、金丝猴等珍稀动物73种。公园自西向东分为六个景区：大九湖、板桥、神农顶、天燕、香溪源及老君山，是一处探索珍贵地质遗迹和原始自然风貌的生态旅游宝地。

三峡美食

三峡是巴蜀文化的交融地域，地处湖北西部与四川东部，菜式结合了鄂菜与川菜的风格，自古以来三峡人对每一种鱼的特点、习性、味道、烹调方法都有深入的研究。江鳗、鲶鱼、河虾等，用来清蒸或做汤，都是上等的美味佳肴。

由于有着得天独厚的山川及丰富的自然资源，这里的山珍和河鲜，是三峡美食的最主要基石。

美食推介

清炖甲鱼

又叫脚鱼，入馔历史悠久，屈原在《楚辞》中便提到这种美食，清代李化楠写的《醒园录》中，也详细地记载了清炖甲鱼的制作方法：先将脚鱼宰死，下凉水泡一会才下滚水烫洗，刮去黑皮，开甲去腹肠肚秽物，砍作四大块，用肉汤并生精肉，姜、蒜同炖。至今鄂菜中，甲鱼亦占重要地位，其中又以生长于三峡的野生甲鱼最为美味可口。

美景推介

▶ 西陵峡

西陵峡口风景区位于宜昌市西郊，距宜昌市中心仅四公里，是楚文化的发祥地之一，历史文化源远流长。北魏郦道元在其《水经注·江水》篇中称道"自三峡七百里，两岸连山，略无阙处，重岩叠嶂，隐天蔽日，自非亭午夜分，不见曦月"，生动地描绘了三峡峡谷景观的奇绝峻秀。西陵峡是长江三峡中最长的峡谷，西起秭归县香溪河口，东至宜昌市南津关，全长100余公里，自上而下共分四段：香溪宽谷，西陵峡上段宽谷，庙南宽谷，西陵峡下段峡谷。沿江有巴东、秭归、宜昌三座城市。峡北的秭归是屈原的故乡，相邻有汉代王昭君的故里。历史上以其航道曲折、怪石林立、滩多水急、行舟惊险而闻名。三峡大坝工程竣工后，水势已趋于平缓，但奇丽的景观如旧，峡中有兵书宝剑峡、牛肝马肺峡、黄牛峡、灯影峡等峡谷，可谓大峡套小峡。现在游人已可乘坐豪华游船游览有"长江第一峡"之称的西陵峡，体验刺激的峡谷吊桥、观看国家一级保护动物中华鲟、参观张飞渡石碑，以悠闲的旅游方式品味峡谷的自然风光与人文景观。

中华鲟

择鱼 世界上最大的淡水鱼，古老珍稀的鱼类，最早出现于距今二亿多年的三叠纪。野生中华鲟已被列为国家一级保护动物，禁止食用，现在入馔的鲟鱼，主要来自人工繁殖场。食用的鲟鱼最适宜以清蒸烹调，其鱼筋、肠、鳍都可加工成上等名菜。

三峡山珍

择鱼 三峡位处大巴山脉，野生菌类相当丰富，孕育的优质山珍，如香菇、木耳、薇菜、天麻、银耳、茶树菇、山竹笋、野生红菌等，是极具营养价值的绿色食材。当地常以山珍野菌做汤，间或配以虾、螺一类河鲜熬制，煮成的汤品既有野菇的鲜味，又有竹笋的清香，非常滋润。

鸡泥桃花鱼

择鱼 桃花鱼产于有三峡门户之称的夷陵峡口香溪河，每逢桃花盛开的季节，它也如期在江里浮游。《荆州府物产考·桃花鱼记》中曾记载了它的产地及其特点，很久以前人们用鸡泥同桃花鱼一起制作菜肴。桃花鱼不是鱼，是一种类近似海蜇的软体动物，一般用来做汤，成菜后，形似朵朵桃花浮于汤面，鸡鱼茸鲜嫩，汤清味美。

鄂西土家美食

位处湖北西南的恩施土家族人，世代生活在万山丛林中，饮食中有"喜辛辣、好豪饮"的特点。他们喜酸辣，辣椒便是一年四季的家常菜，无论蒸、炒、煮、卤、拌，均要放辣椒。土家地区自古为茶乡，又是产美酒的地方，因而养成当地人好饮酒、喜饮茶的饮食习惯。他们以苞谷、土豆、红薯、稻米为主食，间以黄豆、绿豆及其他杂粮，善取山地出产制作美食。

◢ 油茶汤

一种类似茶饮、汤质类的点心小吃，香、脆、滑、鲜，味美适口，提神解渴，是土家人每天必备的饮料。土家人有："不喝油茶汤，心里就发慌"的说法，它同时是招待客人的一种传统礼仪，凡是贵客临门，土家人都要奉上一碗香喷喷的油茶汤款待。

◢ 苞谷酒

苞谷即玉米，它是恩施土家族酿酒的上等原料，土家人种植玉米大约始于宋代，用它做原料酿酒已有悠久的历史。恩施人特别爱喝自家酿造的苞谷酒，此酒酒精度在五六十度以上，喝起来喉咙和胃如火烧一样，因而又叫"苞谷老烧"。酿酒时蒸馏需要掐头去尾，分段截取，再自然陈酿。酿好的酒带有苞谷的幽香，入口醇厚甘爽。有说苞谷酒就像恩施的大山一样粗犷豪气，品尝苞谷酒如同品恩施，也是品恩施人。

◢ 恩施坑土豆

恩施盛产土豆，即是马铃薯，因当地特殊的土壤条件和气候，令这里的土豆质量特别优良。土家有名谣："住在高山间，喝的兰花烟，烤的转转火，吃的洋芋果。"洋芋果指的就是土豆，它曾是土家人的主要食粮，现在仍是餐桌的宠儿和受欢迎的地道小吃。

◢ 社饭

土家人十分看重"过社"，过社时都会做香喷喷的社饭。唐诗《社日》"鹅湖山下稻粱肥，豚栅鸡栖对掩扉。桑柘影斜春社散，家家扶得醉人归。"像是对土家人过社的真实写照。制作社饭时，先将田园、溪边、山坡上的鲜嫩社蒿采撷回家，洗净剁碎，揉尽苦水，焙干，与野蒜、地米菜、腊豆干、腊肉干等配料掺和糯米蒸或焖制而成。其味鲜美，芳香扑鼻，松软可口。

裸体纤夫

神农溪的裸体纤夫是三峡古老拉纤文化的活化石，起源于什么朝代已无法考证。由于纤夫整天浸在江水中，穿着衣服工作不方便，加上纤夫多是家境贫寒的人，衣服多为粗糙的麻料所制，汗浸盐汲，容易磨损，再加上拉纤的过程中，又会磨损皮肤，因此纤夫们都是赤裸着拉纤。在现代人眼里，裸体不雅，但神农溪纤夫裸体拉纤历史悠久，当地人已视为正常的生活劳动，不管是大姑娘、小媳妇，赶船的都是纤夫裸体背着接上船，送上岸。三峡蓄水后，水位上升，裸体拉纤渐渐在人们的视野里消失，现在船夫拉纤已渐渐演变成娱乐游客的旅游项目和文化节表演活动。

美景推介

▶ 巴东神农溪

位于巴东县境内，西陵峡与巫峡之间，发源于神农架南麓，全长60公里，自南向北，沿途纳入17条支流。这里有古朴的豌豆角木制扁舟，它是神农溪保存了千年的原始交通运输工具，游客坐在上面沿溪游览，可欣赏到土家族船夫高亢激昂的纤夫号子，还有千古之谜——古代巴东人"悬棺"和岩棺葬群。古栈道遗痕依稀可见，沿途可探寻古代巴东人的足迹。神农溪现有四个峡段：龙昌峡以"雄"称奇；鹦鹉峡以"秀"见长，绵竹峡以"险"著称，神农峡以"奇"闻名。长江蓄水后，江水倒灌，水位上升，由原来约一米上升至五六十米，游客可乘环保游船游览龙昌峡、鹦鹉峡，领略巴东土家的民风。

襄郧风味美食

随州地区，特色是以猪、牛、羊肉等家畜为主要原料，杂以淡水鱼鲜，制作方法以红扒、红烧、生炸、回锅居多，菜肴入味透彻，口感软烂，汁少味重，部分地区受川、豫影响，口味偏辣。代表菜有：武当猴头菇、诸葛烤鱼、武当素菜等。

以汉水流域为中心的襄郧风味菜，主要包括襄阳、十堰、随州地区。

诸葛烤鱼

特色 分为麻辣、清香两种口味，此菜结合了重庆火锅的特点，香味浓郁，汤红色亮，辣而不燥。不但有鱼肉的鲜味，还有一种独特的焦香味和浓郁的香料味，是一道借鉴了烧烤原有的风格，并结合火锅用餐形式制作的佳肴美食。

诸葛烤鱼

民间有一说法，诸葛亮最爱吃的一道菜是烤鱼，这种烤鱼其用料和做法与普通的烤鱼多有不同，别具特色。诸葛亮每备有家宴时，常邀几位好友共同品尝烤鱼。后来，诸葛亮离开襄阳隆中，辅佐刘备打天下，一年后，他专程邀几位好友共品烤鱼美味，派人将制作烤鱼的名厨接到身边，负责军中饮食。刘备称帝后，他又将厨师推荐至宫中为御厨，烤鱼成了皇家御宴上的美食。诸葛亮去世后，民间有人将这种绝技烤鱼改名诸葛烤鱼，以此纪念诸葛亮辉煌的一生和高尚的品格。

美景推介

▶ 武当山 中国道教名山，本名仙室山，又名太岳山、太和山、参上山，春秋至汉末，武当山已是宗教活动的场所；到唐末，被列为道教七十二福地之一；明代时，更被封为"太岳"、"治世玄岳"，被尊为"皇室家庙"，成为道教第一名山。山上众多的道教古建筑始建于唐朝，宋、元两代继续扩展，及后明成祖大修武当山，耗资数以百万计，历时14年，建成九宫八观等33座建筑群，嘉靖年间又增修扩建，整个建筑按照"真武修仙"的道教故事布局，充分体现了道教"天人合一"的思想。山间道观总数曾达2万余间，部分珍贵宫殿被丹江口水库淹没，现存古建筑53处，建筑遗址9处，另有文物7400余件。

🚩 地址：湖北省十堰市丹江口市境内

孔明菜

又叫襄阳大菜头、诸葛菜，在襄阳俗称咸菜，形状为锥型，肉白色，肉质坚实，主要材料为芥菜，经过特殊工艺腌制而成，分五香味与普通味两种，味微酸，口感脆嫩，一般可存放半年或半年以上。相传孔明菜本为山野之物，三国时期被诸葛亮发现并引入军中广泛食用，故又名诸葛菜，可配上虾仁、肉丝同炒，亦可单独作为餐前开胃小菜。

孔明菜的由来

相传东汉末年，诸葛亮隐居隆中，每当寒冬腊月就把称为"蔓茎"的野菜挖回来凉拌下饭。一次诸葛亮出门访友，临走前做了一盘蔓茎丝，数天后回家，见没有吃完的蔓茎丝并无异味，一吃感到又脆又嫩，非常可口，立即悟出了其中的奥妙。新鲜蔓茎用盐腌制后就能变成美味佳肴，从此襄阳人腌制大头菜的习俗和方法就逐渐发展，流传至今。

武当猴头

以武当山的纯天然野生猴头菇为主要材料，配以鸡肉、火腿、鸡蛋清同制的特色襄郧菜。猴头菇是一种药食两用真菌，保健价值高。将发好的猴头菇顺毛切片，逐片用蛋粉糊浆涂抹，入锅略煎。煎过的猴头片用手按平，加入鸡茸、火腿上笼蒸熟，再浇上茨汁即可上桌。

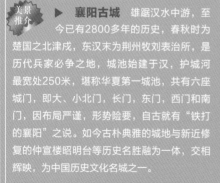

太极酥

以黑、白芝麻、白面粉、白糖、蜜桂花、花生等制成的著名风味小吃，其酥纹美观，造型和颜色有如太极图案、故名太极酥。酥饼层次分明，入口香甜，馅心一黑一白，分别为黑芝麻和白芝麻两种口味。

美景推介

▶ **襄阳古城**　雄踞汉水中游，至今已有2800多年的历史，春秋时为楚国之北津戍，东汉末为荆州牧刘表治所，是历代兵家必争之地，城池始建于汉，护城河最宽处250米，堪称华夏第一城池，共有六座城门，即大、小北门，长门，东门，西门和南门，因布局严谨，形势险要，自古就有"铁打的襄阳"之说。如今古朴典雅的城地与新近修复的仲宣楼昭明台等历史名胜融为一体，交相辉映，为中国历史文化名城之一。

荆南风味美食

鄂菜地域特色分明，以宜昌、荆沙、洪湖一带为发展中心的荆南风味，讲究鸡、鸭、鱼、肉的合烹，蒸菜用芡薄，味清纯，注重原汁原味。这地区河流纵横，湖泊交错，水产资源极为丰富，当地居民对各种水产的烹调十分拿手，代表菜有：皮条鳝鱼、菊花财鱼、沔阳三蒸、千张肉等。

荆州皮条鳝

特色 荆州、沙市的鱼馔珍品，已有数百年历史，其形如竹节，也叫竹节鳝鱼，因煮熟后犹如皮条而得名。制法是先将鳝鱼切条，经两次不同温度的油炸至酥，再挂上糖醋黄汁，成菜后色泽金黄，外酥内嫩，十分可口。

皮条鳝又叫"拱界虫"

清道光八年，湖北人朱才哲上任台湾宜兰新县令，他发现当地有众多田界被毁的纠纷，他下田视察后，才知道该地百姓把鳝鱼视为有害，没有食用习惯，无数肥大的鳝鱼在水稻地里乱钻，弄垮田界，引发农民为界田损毁而状告的官司。开庭当日，朱才哲命家厨特备了皮条鳝筵席，请原告、被告一起品尝，大家越吃越香，自此纷纷下田捕食，长年打不完的官司解决了，吃鳝的习俗传入台湾，成为佳话。

千张肉

特色 唐代有一宰相段文昌，既是美食家，也是一位烹调高手，他在肥大而腻的"梳子肉"基础上，把肥肉换成猪五花肋条肉，将炸胡椒换成黑豆豉，并增加了葱、姜等佐料，研制了色泽金黄，肉质松软的新菜色。由于此菜肉薄如纸，于是取名"千张肉"。

美景推介

▶坛子岭景区

三峡坝区最早开发的景区，所在地为三峡大坝建设勘测点及三峡工地的制高点，因其顶端观景台形似一个倒扣的坛子而得名，海拔262.48米，登上坛子岭的顶部观景台，可俯瞰三峡坝区的施工全貌，欣赏大坝的雄浑壮伟，还能饱览西陵峡黄牛岩的秀丽风光、秭归新县城的远景和双向五级船闸。整个景区包括观景台、浮雕群、钢铁大书、亿年江石模型室和绿化带等。

三游神仙鸡

选用肥嫩子鸡为原料，鸡只宰杀洗净后，整只于入砂钵中，用多种调味料腌浸，再加上高汤及香料、冰糖等调料烧煮，然后用文火煮至汁浓鸡熟，即可装盘上桌，成菜色亮香醇，肉嫩味鲜。

荆门腊鱼

依鲜鱼的大小和剖割方法不同，可分为腊块鱼、腊皮鱼、腊刀鱼三种。一般1.5公斤以上的鲜鱼，去除头、尾及内脏后，切成块，制作成腊块鱼。1.5公斤以下的鲜鱼，从背面剖开切成鱼片，以便腌透，然后再加工制成腊皮鱼。体型较小的鲜鱼、除去内脏后可制成腊刀鱼。鲜鱼用盐进行腌渍，晒至表面没有水分时用微火熏六至八小时即成。

美景推介

▲ **三峡大坝** 世界第一大的水电工程，位于西陵峡中段的宜昌三斗坪，大坝建成后，形成长达600公里的水库，大坝主体建筑物由大坝、水电站、通航建筑物三大部分组成。工程总投资为954.6亿元人民币。于1994年12月14日正式动工修建，2006年5月20日全线建成，是迄今世界上综合效益最大的水利枢纽，有防洪、航运及发电的效益。

沔阳三蒸

特色

"沔阳"位处水面较多的江汉平原,是物产丰富的鱼米之乡,因百姓爱吃蒸熟的菜肴,有"无菜不蒸"的食俗,故被称为"蒸菜之乡"。民间歌谣:"蒸菜大王,独数沔阳;如若不信,请来一尝。"三蒸从"无菜不蒸"的"蒸鱼、蒸肉、蒸蔬菜",演变至精致的"蒸青鱼、蒸猪肉、蒸筒蒿",再变为名贵的"粉蒸肉、蒸珍珠丸子、蒸白丸"。三蒸常与米饭放入杉木制的小桶里同蒸,这可使菜肴增添米饭及杉木的香味。三蒸分别为:

一蒸:粉蒸肉

将带皮五花肉切片,用调料腌入味,再沾上蒸肉粉,放在生菜上蒸熟。成菜肉质肥而不腻,口感软嫩香浓。

二蒸:蒸珍珠丸子

将猪肉绞碎加上佐料,搓成乒乓球状的丸子,黏满糯米后蒸熟,因绞肉含有肥肉末,遇热释出油脂,把糯米蒸成像珍珠般的晶莹洁白,因而得名。

三蒸:蒸白丸

将猪腿的瘦肉和鱼肉绞碎加上佐料,搓成乒乓球状的丸子,外皮不加糯米,上笼熟而成,成菜色泽乳黄。

菊花财鱼

特色

纪念爱国诗人屈原而研制成的一道美馔。新鲜财鱼除去骨刺后,切成鱼片,并在鱼片上用刀划成菊花模样,再放入热油锅里,鱼肉慢慢收缩,形成朵朵盛开的菊花状,成菜不仅形似菊花,烹制好后,鱼头上会再插上一朵艳丽菊花,用意是以财鱼肉质白嫩和菊花的耐寒喷香之特点,比喻屈原在政治生涯中,虽然蒙受不白之冤,尚能修身洁好的品格。

美景推介

▶三峡人家风景区

位于长江三峡中的西陵峡境内,三峡大坝和葛洲坝之间,跨越灯影峡两岸,以雄伟、奇幻、险峭、秀逸著称。面积约14平方公里,由三峡人家、龙进溪、天下第四泉、灯影洞、石令牌、石牌古镇、抗战纪念馆七大景区组成,景区内有传统的三峡吊脚楼、古帆船、乌篷船,游客还可体验到千百年来流传于三峡的各种习俗与乡土风情。

江陵散烩八宝

八宝饭，是清朝末年宫廷厨师肖代制作的专供慈禧太后食用御膳。后来，肖代流落在江陵，在聚珍园餐馆制作八宝饭，此菜开始于民间流传开来。八宝饭用糯米、红枣、莲子仁、桂圆肉、密樱桃、瓜子仁、糖桂花、密冬瓜、苡仁米等蒸熟制成坯，再加白糖、猪油散烩而成，成菜色泽光亮，香甜滋润，油而不腻，又有"浅盏小酌细品尝，离席数时回味长"的美誉。

龙凤喜饼

既是婚嫁礼仪的食品，又是湖北的传统小食。喜饼用面粉、红枣、花生仁、芝麻、核桃、桂圆等馅料制成，饼上塑有龙凤图案，寓意团圆和龙凤呈祥之意，相传是三国时，孙权假意将自己的妹妹许配给刘备为妻时，诸葛亮命荆州能工巧匠为婚礼制作的礼品。此饼既有荆州的酥脆风味，又有东吴的清甜特点，十分爽口。

洪湖莲藕汤

洪湖莲藕是湖北莲藕中的特有品种，淀粉质含量高，俗称"沔城藕"，被称为"水中之宝"。昔日沔阳城莲藕闻名天下，以粉嫩白净的洪湖莲藕最为甜美，人们最爱取它和肉骨头煨汤，以文火把猪骨煨到肉烂脱骨，藕块入口时粉糯又不失清脆，清汤香浓而甜，是藕香与肉香的最佳配搭。

美景推介 ▶荆州古城墙
中国现存的四座保存最为完整的古城墙之一，修建时期可追溯至2800多年前的周厉王时期，是中国延续时代最长、跨越朝代最多、由土城发展演变而来的唯一古城垣，亦是保存最为完好的南方城墙。城墙周长11公里，有瓮城、碉楼、战屋、炮台、藏兵洞、复城门，防御体系完备，历来易守难攻，因而有'铁打荆州'之说。古城墙于清朝经历两次大修，保存的六座城门包括：东门寅宾门、南门南纪门、西门安澜门、北门拱极门、小北门及公安门，改革开放后，又增开了新南门和新北门。

赣菜

南昌、九江、赣州

赣东北（上饶）、赣西（井冈山、萍乡）

赣

历史

    江西位于长江中下游的南岸，三面环山，北面临水，东临浙江、福建，南连广东，西接湖南。其名源自唐朝，公元733年唐玄宗划全国为15道，江南道一分为三，分别划作江南东道、江南西道及黔中道，江南西道以洪州为首府，即今天的南昌，当时简称江西道，江西由此得名。

    江西省气候温暖，日照充足，雨量充沛，有利农作物生长。境内最大河流为"章"、"贡"二水汇合而成的赣江，因而简称赣。赣江自南向北纵贯全境，注入中国第一大淡水湖鄱阳湖，全省有大小河流2400余条，满布江河湖泊，气候温润潮湿，故此江西人口味上偏好鲜、香、辣。境内风景名胜众多，物产丰富，九江庐山、上饶三清山、鹰潭龙虎山、上饶龟峰，均列入世界遗产名录；南丰蜜橘、庐山云雾茶、中华猕猴桃、赣南脐橙、南安板鸭、泰和乌鸡均驰名中外。

主要分布区域

南昌市、九江市、上饶市、
萍乡市、赣州市、景德镇市、
鹰潭市、吉安市、宜春市

九江市

景德镇市

上饶市

南昌市

鹰潭市

宜春市

抚州市

新余市

萍乡市

吉安市

赣州市

饮食文化

　　江西是鱼米富饶之乡，早在唐、宋时期，江西的粮、茶、造船和银铜冶炼在全国已居领先地位。明、清时，全国四大米市、五大茶市和四大名镇，江西各占一席。经济发达，不但促进了文学、艺术的发展，同时为饮食文化的发展，提供了有利的条件。赣菜自古有"嘉蔬精稻，擅味八方"之称。唐初，王勃赴滕王阁上的盛宴，在《滕王阁序》中，称道江西"物华天宝，人杰地灵"；清代袁枚的《随园食单》中，有江西名菜粉蒸肉的记载；赣菜在继承历代"文人菜"基础上发展而成，虽然不在八大菜系之列，亦独具特色。赣菜选料广泛、注重刀工、在烹饪中重视突出"原汁原味"。传统意义上的赣菜，主要有南

昌、九江、赣南三大地方流派。

南昌菜融本地特色和省内食料为一体，注重变化创新，菜式多变，名菜有干烧猪脚、海参眉毛圆子、三杯鸡、流浪鸡等。九江菜擅长利用鄱阳湖的时鲜，烹制鱼、虾、蟹等水产，菜肴讲究清鲜软嫩，名菜有春菜黄牙鱼、浔阳鱼片、绣球鱼圆。赣南菜则注重刀工，尤

好食鱼，讲究菜肴的色鲜，汁浓、质稠、味醇，名菜有爆满山红、白浇鳙鱼头、双鱼过江等。随着历代不断变化与发展，今天赣菜主要由豫章菜(南昌)、浔阳菜(九江)、赣南菜(赣州)、饶帮菜(上饶)和萍乡菜构成，即除了传统三大流派外，上饶与萍乡地区的菜式，亦自成一格，成为赣菜中新流派。

豫章菜

即南昌菜，因南昌古称豫章郡而得名，它历史久远，早在2200年前的秦汉时代已见雏形，历史上有关此菜系的记载，最早见于《汉书》和《后汉书》。南昌菜是民间菜的升华，吸纳了安义、新建等地的菜肴而成。糅合诸地菜式的特点，酸辣甜咸兼容并蓄，远受淮扬菜、鲁菜、北京菜的熏陶，近得粤菜、川菜的影响，豫章菜虽然名声不大，精髓在于五味俱全，用料不论贵贱，以好吃为本。

美食推介

瓦罐煨汤

特色

瓦罐煨汤是流行于江西民间的一种风味菜肴，南昌有很多煨汤馆，它们都以民间传统煨汤方法炮制汤品，采用特制的大瓦缸，缸底烧火，缸内置有铁架，厨师将盛有汤料的小瓦罐一层层放入缸内的铁架上，然后点燃木炭，用炭火的高温，以六面受热的方式把汤煨熟。瓦罐之妙处，在于瓦陶器秉阴阳之性，含五行之效，久煨之下原料鲜味及营养成分充分溶解于汤中，其味鲜香淳浓，食后久而难忘。

金板搭银桥

特色

银桥是韭菜梗，金板是豆腐，此菜即韭菜梗炒豆腐。相传清康熙年间，豫章有一位姓丁的秀才，恶霸王寿庭欲强占其妻为妾，诬陷他欠账未还要卖妻抵债。适遇朝廷重臣朱轼途经当地微服私访，在瓦子角一饭店用膳时，朱轼说："来一道金板搭银桥"，店主不知是何菜，朱答道："金板搭银桥乃豆干炒韭菜梗也。"刘二听后觉得此人不凡，于是细心侍候，并把王寿庭恶行告知他，朱轼随即依法惩办王氏。后人把这故事编成豫章采茶戏《南瓜记》，金板搭银桥在南昌亦更加有名。

三杯狗肉

特色

酥烂汁浓、鲜香微辣。将狗肉洗净，剁成两厘米见方的块，狗肉盛入砂钵内，放入酱油、料酒各一杯，盖上姜片、陈皮片、干椒，用旺火烧沸后小火焖至酥烂，再以旺火收稠卤汁，拣去干椒，放入调味料、葱段，淋上麻油即成。

米粉蒸肉

特色 南昌人每年立夏前后都喜欢蒸上一碗米粉蒸肉，据说立夏日吃了不会生痱子。人们把大米加入八角、桂皮等香料炒熟后磨粉，五花肉切成厚片用辣椒油、酱油浸泡，再加白糖、料酒等调味，然后倒入米粉拌匀，再将粘满米粉的肉一片片送在碗内，上笼蒸熟至烂，吃时荤素鲜腻，别有风味。

洪都鸡

特色 特点是咸鲜味辣，鸡肉中带有蜜橘的清香。初唐四杰之一的王勃，赴交趾看望父亲时路过豫章（即南昌），恰逢滕王阁重修落成，洪州都督在楼阁设宴祝贺，王勃受邀而至，席上一位南丰厨师仰慕王勃才华，很想把家乡特产南丰蜜橘送给王勃，无奈橘子还没有上市，刚好灶膛上挂着一串橘皮，他灵机一动，将干橘皮取下泡软切成丝，与鸡一起做菜。当这菜端上席时，满堂橘香。王勃为感谢厨师美意，将此菜命叫"洪都鸡"。此后它和《滕王阁序》一样流传下来。

美景推介

位于南昌市西北部沿江路赣江东岸，唐永徽四年唐太宗李世民之弟"滕王"李元婴任洪州都督时创建，与湖北黄鹤楼、湖南岳阳楼为列为"江南三大名楼"。后因王勃作《滕王阁序》而名扬天下，又被誉为"江南三大名楼"之首。历史上的滕王阁重建达29次之多，屡毁屡建。现在重建的滕王阁于1989年竣工落成，主体建筑净高57.5米，雄伟壮观。

位于南昌市中山路中段，原为"江西大旅社"，于1924年建成，是一栋灰色五层大楼，共96个房间。1927年7月下旬，参加起义的部队包租下这幢旅社，在喜庆厅召开会议，这里成为领导八一南昌起义的指挥中心。

★煌上煌酱板鸭

煌上煌的酱板鸭跟北京烤鸭一样的有名，在南昌总会见到鸭店门口排了老长的队伍，除了在江西任何一个县市都能看到它的分店，甚至全国40多个大中城市都会找到其影踪。这儿的酱鸭酥而不腻，以鲜、香、辣为主要特色，香味与辣味兼而有之，入口便觉酱香醉人，吃后又不会口干舌燥，而且连骨头都能够吃。

🏠 八一广场店地址：
江西省南昌市东湖区
广场东路1号

📞 电话：（0791）8620 1593

藜蒿炒腊肉

特色 江西人第一部方言连续剧《松柏巷里万家人》主题曲中有一句歌词："鄱阳湖里咯几根子草，南昌人饭桌上变成了宝"，词中指的草就鄱阳湖野生的野生藜蒿。在江西，上至宾馆酒楼，下至酒家排档都少不了藜蒿的身影，而藜蒿炒腊肉也成了南昌人宴客的压轴菜，此菜选用南昌特产腊肉和鄱阳湖藜蒿而制，特色是腊肉醇香柔润，藜蒿脆嫩爽口，吃上一口，唇齿生香。

鳅鱼钻豆腐

特色 制作前先取冷水一盆，将小鳅鱼放入水中，打入蛋清，一天后，待鳅鱼内脏物排出，将鱼洗净，把整块老豆腐和活鳅鱼同时下锅。汤热时，鳅鱼会不停往豆腐里钻。炖约半小时，加入冬笋、红萝卜等配料，锅内汤清如镜，豆腐鳅鱼交错，味鲜可口。

三杯鸡

特色 三杯鸡是江西传统名菜，其烹调方法不同于别处的烧鸡，仅用米酒一杯，猪油一杯，酱油一杯放入砂锅，不加汤水炖煮，故名三杯鸡。此菜色泽酱红、原汁原味、醇香诱人，送酒下饭皆宜。其后传到台湾，台湾人对它进行了小改造，将油腻的猪油换成了清淡的食用油，而且加入了一种独特的香料九层塔，凡到台湾菜馆总能点到三杯鸡，大家自然认为它是台湾菜，其实，它可是地地道道的江西菜。

三杯鸡与文天祥

传说三杯鸡的来历与民族英雄文天祥有关。南宋末年，文天祥抗元被俘，百姓无不悲痛万分，一天一位老婆婆带着一只鸡和一壶酒探监，在一位江西狱卒的帮助下，老婆婆偷进天牢见到文天祥，由于狱中无法添火，狱卒把老婆婆带来的鸡切成块，在瓦钵中倒上三杯米酒，用小火煨制。一个时辰后，两人把鸡肉端到文天祥面前，他心怀亡国之恨吃完了最后一顿饭。狱卒回到老家江西后，每逢文天祥忌日，必用这道菜祭奠。后来厨师将三杯酒改成一杯甜酒酿、一杯酱油、一杯猪油，而且用江西宁都特产的三黄鸡做原料，这就是现在大名鼎鼎的江西三杯鸡了。

南昌米粉

南昌炒粉名气虽不及桂林米粉与湖南牛肉粉，但味道不在其下，粉条经过浸米、磨浆、滤干、采浆等多道工序制作而成，粗幼适中，韧性高，未煮的粉根根结实、煮后的米粉细嫩、洁白，具有久泡不烂的特点。南昌人吃米粉，炒和凉拌都是寻常做法，米粉煮熟后，马上入水冷却，吃前再浸一下水，米粉条吃起来条条滑溜清爽，再拌以配菜和调料，是夏日开胃爽口的美点。

安义枇杷

安义枇杷又名卢桔、金丸，已有两千多年历史，是初夏最受南昌人喜爱的水果，果实圆大，表皮薄嫩，肉质厚实，鲜甜微酸，咬下去汁多爽脆，既可生吃，又可制成罐头、果酒和果酱，而枇杷叶、果核、果汁加上冰糖后，还可熬成著名的枇杷膏，有清肺、止咳、润喉、生津之效。

军山湖大闸蟹

军山湖位处鄱阳湖南面，周边多为山林和耕地，因远离工业区，湖水清澈，所生产的清水大闸蟹，青背白肚、金爪黄毛、个体硕大、肉味鲜美，虽然名气不及阳澄湖大闸蟹，但其大、肥、鲜、甜，是河蟹中的珍品。

牛舌头

又叫牛招财，民间传统面点，形似牛舌，入口酥香软绵，甜脆可口。制作时，将糯米粉均分为两堆，分别加上红糖和白糖，搓成两种不同颜色的糯米团，取红糯米团搓成小条，镶在白糯米团四周，放入70℃的油锅内，炸熟即成。

金线吊葫芦

民间小吃，味道精美，制作方法简单，取包好的馄饨十只、手工面条约二两，先下面条，后放馄饨，再浇上原汁骨头汤，放入胡椒、香葱。面条细、软、长，馄饨香鲜，恰如一只金葫芦浮在碗面上，既好看又好吃。

石头街麻花

以面粉、砂糖、清油等制作而成。每一百斤麻花需要用上八斤新鲜鸡蛋黄，反复揉搓，直到面料均匀才搓成麻花，十分考功夫。煎炸时，油要多，油温不能太高，这样做成色润、香甜、酥松爽口的麻花。

九江菜

也叫浔阳菜，因九江古称浔阳而得名。九江菜以浔阳为中心，兼纳庐山、湖口、星子、鄱阳湖等地区佳肴的特点，擅长利用鄱阳湖的时鲜、烹制鱼、虾、蟹等水产，有"烧菜味重，炒菜味淡"的特点，烹饪以烧、焖、炖、蒸为主，与南昌菜、赣州菜、饶帮菜及萍乡菜共同构成传统的赣系。名菜包括庐山石鸡、石鱼、流浪鸡等。

武宁棍子鱼

特色 是一种头大、嘴扁、唇厚、有一对胡须的小型鱼类，最大的个体也只能长到20多厘米。棍子鱼生活在江河湖泊的下层，以杂食为主，偏重捕食水中生物、幼虫。这种鱼腹腔较小，肠道短，内脏部分比例小，不但易于清洁，而且可食用的部分较多，肉质坚实，肌间刺少，味道鲜美，红烧、辣烩皆宜，是武宁湖区一道特色菜。

石鱼炒蛋

特色 庐山三石之一，体色透明，无鳞，体长一般在30～40毫米，因长年生活在庐山泉水与瀑布中，把巢筑在泉瀑流经的岩石缝，故称石鱼。石鱼肉质细嫩鲜美，味道香醇，不论炒、烩、炖、油泡都可以，较常的做法是以鸡蛋同炒，取适量小石鱼干冷水洗净，温水加酒数滴浸泡，捞出沥干，加入鸡蛋搅拌，下锅以油炒熟，加黄酒一钱即可起锅。

流浪鸡

特色 流浪鸡为赣州的传统名菜，与江苏名声远播的叫花鸡有异曲同工之妙。烹制时先将白身鸡煮熟，切成长条状，按鸡的形态摆在盘中，然后把鸡肠、肚、肝洗净烫熟，放在碗中，加入大蒜、香油、姜、葱、醋等调味料调匀，再倒在鸡肉上，即可上桌供食。此菜肉质鲜嫩爽口，造型逼真，味道清香带辣，鸡肉色泽淡雅，滋味鲜美，是上等佐酒佳肴。

流浪鸡与朱元璋

相传，元朝末年红巾军起义，朱元璋与陈友谅两支起义队伍互相竞争，在江西省鄱阳湖开战，混战中朱元璋败至湖中康山一带，朱元璋带刘伯温和其他几员大将弃船上岸，东躲西避，四处流浪。一行人来到村边一所破旧的茅屋旁，屋内老妇人邀请他们进屋，然后给他们烧水煮饭，并把在门口晒太阳的小鸡抓来杀掉，去掉鸡毛和内脏后，放在开水锅内反复烫熟，然后切成块，用大蒜、盐一拌，端上前请朱元璋吃。几天没吃饭的他吃到此鸡，觉得味道极美，连声称谢。其后朱元璋当上大明开国皇帝，有一次忆起流浪康山时老妇人为他弄的鸡，便赐名为流浪鸡。

素炒雪里蕻

鄱阳县名菜，在境内仅产于鄱阳镇东湖四岸，为芥菜的一种，但与其他地方生长的芥菜有很大的差别，叶片较小，质地紧密，有茸毛，叶茎肥大如同白菜，味道辛香浓烈。本地人称之为"春不老"菜，可蒸晒为干菜，或焖肉、或煮黄颊鱼、或作羹、或清炒，皆香脆适口。

东坡肉

东坡肉原是杭州名菜，相传它的由来与北宋文学家苏东坡有关。后来东坡肉随苏东坡的名气愈传愈广，遍及黄州、扬州、苏州、九江等不同地方，而且不同地方的"东坡肉"也各具特色，除了有以小火慢煨而成的烹调方法，也有先煨再蒸而成，或先炸再煨而成的东坡肉。九江永修一带，无论红白二事，东坡肉都是一道必不可少的大菜，烹制特点先以稻草在猪肉块上绑成十字结，然后放入锅里焖煮，食时用剪刀剪断稻草，再细细品尝，因此江西的东坡肉带有一股稻草的清香。

美景推介

△ 东林寺　位于庐山西麓，建于东晋时期，是佛教净土宗(莲宗)的发源地。寺内胜境如林，有出木池、三笑堂、虎溪桥、聪明泉、上方塔、下方塔等，还有不少具历史价值的参天古树，有1600年罗汉松、1500年的千年樟、佛手樟、宋代柳、元代古檀树等。

黄焖石鸡

庐山有三大特产，分别是石鸡、石耳和石鱼，又被称作"庐山三石"。石鸡不是鸡，而是一种生长在阴涧岩壁洞穴中的麻皮青蛙，又名赤蛙，因其肉质鲜嫩，肥美如鸡而得名，一般体重三、四两，大的约一斤左右，当地的大餐馆中以石鸡为原料的菜肴比比皆是，其中又以黄焖石鸡最为有名。

红烧甲鱼

被视为一等药膳，有丰富的营养，能补虚养，具滋阴调理、清热去火的功效。烹调时，甲鱼要先以烫水去壳膜，后过油锅至六成熟，再用小火慢慢煨制，锅中余汁用淀粉勾芡，再浇在熟透的甲鱼身上即可上桌。食时注意甲鱼不宜与桃子、苋菜、鸡蛋、猪肉、兔肉、薄荷、芹菜、鸭蛋、鸭肉、芥末、鸡肉、黄鳝、蟹一同食用。

香酥刀鱼

特色 去头和内脏，洗净后切小段，加入料酒、生抽、盐、胡椒粉等腌好，然后把鱼两面粘上面粉，油锅烧至七成熟，把刀鱼放到锅内煎透至两面金黄即可。煎后的刀鱼鱼皮入口香脆、鱼肉鲜嫩，十分美味。

庐山云雾茶

古称闻林茶。相传最早是一种野牛茶，后由东林寺名僧慧远采制而成。庐山云雾茶在宋代时已被列为贡茶，素来以味醇、色秀、香馨、液清而享有盛名，茶汤清淡，宛若碧玉，味似龙井而更为醇香。庐山处于盆地，大江大湖蒸腾大量不竭的水汽，形成沼沼的云雾涌向山中，此茶由于长年受山上流泉飞瀑的灌润、行云走雾的熏陶，从而形成其独特的醇香质量，民间有"匡庐奇秀甲天下，云雾醇香益寿年"之说。

美景推介 **庐山** 又称匡山、匡庐。位于长江中下游平原与鄱阳湖畔，名列《世界遗产名录》，有"匡庐奇秀甲天下"之美誉，与鸡公山、北戴河、莫干山并称四大避暑胜地。最高峰汉阳峰海拔1474米，山势雄伟。景点有白鹿洞、仙人洞、观音桥、周瑜点将台、爱莲池、三迭泉、含鄱口等。山中牯岭，以大块岩石状如牯牛得名，海拔1056米，清光绪年间先后为英、法、美等国强行租占，1935年始收回。庐山不仅风光秀丽，更集教育、文化、宗教和政治意义于一身。从司马迁"南登庐山"，到陶渊明、李白、苏轼、黄庭坚、胡适等先贤登临，在山上留下四千余首诗词歌赋。山中的美庐别墅，曾是"第一夫人"宋美龄生活的地方，不论自然风光，还是人文景观，庐山历来吸引海内外无数游人慕名而来。

鄱阳湖美食

鄱阳湖是中国第一大淡水湖，生态资源丰富，主要的饮食乡风味菜。

特色是擅以水产入菜，淡水鱼应时而出，终年不断，有"无鱼不成席"的风俗，烹调以煮、炖、蒸、烧、炒为主，重视羹汤，追求本味，甚至会用河水煮河鱼，以求原汁原味。湖中除了鱼、虾一类的河鲜，还有众多绿色食材，如藜蒿、菱角、莲藕、竹笋等，都是入馔的佳品，经厨师略加烹调，即是一道清新健康的水乡风味菜。

鄱阳三鲜

特色 即银鱼、凤尾鱼和鳗鲡，它们是鄱阳湖的名鱼特产。银鱼古名"脍残鱼"，是鱼类中较小的一种，体形细长，银白光滑，晾干后质地雪白透明，因而得名。鄱阳湖水面辽阔，水深岩密，在此繁殖的银鱼肉质细嫩，味道鲜美，含有丰富的蛋白质，营养价值很高，无论风干的还是新鲜的，都具有益脾、润肺等功能，是上等滋养的美食。凤尾鱼俗名叫刨花鱼，肉质较宜煎炸，油煎后浇上糖醋，香酥可口，味鲜肉美。鳗鲡形状像蛇，肉鬃连尾，无鳞有舌，大者长约二尺多，肉嫩如豆腐脑，口感似河豚，油而不腻，鲜中带肥。

肥裙甲鱼

特色 又叫鳖，团鱼、脚鱼，因背有甲，故名甲鱼。鄱阳多鱼塘河汊，甲鱼尤多。相传宋孝宗年间，鄱阳人洪迈在朝中当官，在一次御筵中，孝宗问及洪迈家乡有何特产，洪迈答道："沙地马蹄鳖，雪天牛尾狸"，从此这两种动物就鄱阳特产。鳖营养丰富，肉质鲜美，深得人们的喜爱。

胖鱼头

特色 以肥嫩鲜美著称，味道鲜辣微酸，采湖中鳙鱼烹制而成。鳙鱼头洗净后，以调料腌数十分钟，后入蒸柜内蒸至熟，最后取萝卜干、米椒、生姜、蒜子等切末入锅炒香，加入鱼汤调味，浇淋于鱼头上即成。

虾仁

特色 又称虾米，有干、鲜两种，由产于鄱阳湖的大鲜虾去壳而成。干虾仁柔韧鲜美，色泽粉红，曾是历朝贡品；鲜虾仁白嫩微红，鲜嫩爽口，是当地酒楼宾馆的主要佳肴用料。

野生藜蒿

特色 藜蒿又名水蒿，原是鄱阳湖的野生植物，茎嫩爽脆，味道清香。每年阳春三月，也是吃藜蒿的最佳季节。民间有"藜蒿是鄱阳湖的草，南昌人的宝"之说，野生的藜蒿尤其珍贵，可作主食或者配料，熟食凉拌皆宜。由于藜蒿经常供不应求，现在很多鄱阳湖藜蒿也是人工种植的，但味道与口感不及野生的。

鄱阳湖狮子头

将肉粒、香芋丝、马蹄末、火腿末、瑶柱丝、姜末、鸡蛋拌在一起，加入干粟粉，搓成球状，内包咸蛋黄即成狮子头雏形。炒锅放油炸至金黄色捞出，放入高汤、酱油、姜丝等调味料，上笼蒸2小时左右，直至酥烂出笼，最后把狮子头放在菜心上，勾芡，加入明油和调制后的原汁，浇于狮子头上即成。

△ 鄱阳湖国家湿地公园　世界六大湿地之一，西接庐山、北望黄山、东依三清山、南靠龙虎山，是亚洲湿地面积最大、湿地物种最丰富的湿地公园，拥有湖泊1087个，世界上98%的湿地候鸟种群皆汇于此，世界上现存只有四千多只的白鹤，每逢冬天都会选择到此越冬，其越冬的景象堪称"天下奇观"。区内分布的野生动物种类繁多，野生脊椎动物共计有249种，其中被列为国家一级重点保护陆生野生动物共17种，还有4种国家一级保护鸟类以及超过一百种鱼类，当中丰富的生态资源，每年也吸引到不计其数的游客前来游览。

赣州美食

赣州地处江西南部，紧邻广东、福建、湖南，由于地理环境特殊，使得赣南客家风味菜在鄂菜中别具一格，它既有粤菜的鲜美、湘菜的辣，又融合了中原烹饪文化和古代百越人后裔山区饮食文化，形成了独特的客家风味。

南安板鸭

特色 始见于明朝南安府方屋塘（今大余县城东门外），至今已有五百余年历史，有"腊中之王"的美誉，是赣南的珍馐。板鸭的鸭体扁平，尾部呈半圆形，肥瘦肉分明，皮色奶白。入口皮酥骨脆，咸淡适中，有肥而不腻的特点。

瑞金牛肉汤

特色 瑞金人把牛肉汤作为早餐、点心来吃，喝汤时要用地道的方法，才能体现其中美味。先在汤中加入姜块提鲜，然后品尝第一口汤；第二步是加入葱花，搅拌均匀，闻一闻汤中葱和牛肉结合在一起的香气；最后加入辣椒酱油，搅拌均匀，然后才开始吃汤料和牛肉。

赣南棉花糕

特色 特色小吃，形似棉花，口感绵软，入口甜香。制作时，将晚熟稻米浸泡约六小时，用清水冲洗沥干，加水磨浆，再加入白糖、蛋精等，最后把糕浆倒入模具内，蒸约数十分钟即成。

美景推介 ▷ 赣南客家围屋

　　客家围屋是古代客家民居的主要建筑建式，集寨、祠、堡于一体，墙体由青砖或花岗岩砌成，易守难攻，非常坚固。赣南以方围为主，现存客家围屋约500座，其中有370多座在龙南县，其余130座分布在大余，定南、全南、信丰、安远、寻乌等县，其数量之多、规模之大、保存之完好，为全国之最。具代表性的有：燕翼围、关西新围、桃江龙江围等。

赣州三鱼

特色 鱼饼、鱼饺和小炒鱼合称"赣州三鱼"。鱼饼是赣州久负盛名的传统风味菜，种类较多。其中响铃鱼饼、金钱鱼饼最为著名。特点是色泽金黄、鲜嫩味美、久食不腻。鱼饺的制作方法特殊，工艺精细，尤以蝴蝶鱼饺最为有名，其特点是鱼皮肉馅，形如蝴蝶，再以绿叶点缀，卖相清雅大方，口感嫩软爽口，汁多味鲜。至于小炒鱼，选料十分严谨精细，需要采用约重一斤半的活鲩鱼，只取鱼肚皮上无骨的一块来制作，鱼绝对不能大，因大则肉粗，小又过嫩。烹调时，用油要求控制在六成的火候，这样成菜才能鲜嫩爽口，鱼肉滑溜喷香。

四星望月

特色 毛泽东率红四军转战到赣南时"钦定"的一道名菜，菜式由他亲自命名。1929年，红军在井冈山转战数月，风餐露宿，其间吃到客家的传统菜兴国米粉鱼，此菜既鲜且辣，他不由得兴致勃勃地吃起来，并说要为此菜起个好名字，他用手中竹筷指着蒸笼比画着，饶有风趣地说："这是一个大的团圆月。四个小盘子围着大蒸笼，就像星星围着月亮，我看就叫四星望月！"此后四星望月又有"天下第一菜"之称。

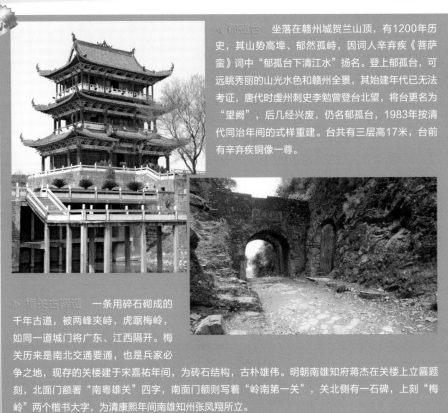

美景推介

郁孤台 坐落在赣州城贺兰山顶，有1200年历史，其山势高埠、郁然孤峙，因词人辛弃疾《菩萨蛮》词中"郁孤台下清江水"扬名。登上郁孤台，可远眺秀丽的山光水色和赣州全景，其始建年代已无法考证，唐代时虔州刺史李勉曾登台北望，将台更名为"望阙"，后几经兴废，仍名郁孤台，1983年按清代同治年间的式样重建。台共有三层高17米，台前有辛弃疾铜像一尊。

梅关古驿道 一条用碎石砌成的千年古道，被两峰夹峙，虎踞梅岭，如同一道城门将广东、江西隔开。梅关历来是南北交通要通，也是兵家必争之地，现存的关楼建于宋嘉祐年间，为砖石结构，古朴雄伟。明朝南雄知府蒋杰在关楼上立匾题刻，北面门额署着"南粤雄关"四字，南面门额则写着"岭南第一关"，关北侧有一石碑，上刻"梅岭"两个楷书大字，为清康熙年间南雄知州张凤翔所立。

景德镇美食

中国瓷都景德镇的菜肴注重火功，从菜品的材料选择上来看，多以野味山珍入馔，特点是朴实量足，注重原味。当地的风味小吃以面点品种最多，而且制法各异，颇有特色，如饺子粑、咸水粑，都是别处没有的特产，又如传统名菜瓷泥煨鸡，不但色、香、味俱全，其炮制方法，还与瓷工、瓷泥有关，充满地方色彩。

饺子粑

特色 景德镇人当早餐和宵夜吃，薄薄的皮包上各种各样的馅，再放到蒸笼里一蒸即成，分为辣馅和不辣馅。辣的一般用萝卜丝配上辣椒；不辣的用韭菜豆腐或韭菜鸡蛋做馅，还有豆干，豆芽馅。如果不太会吃辣，第一次吃最好要不辣的，不然以景德镇人的口味，一定会让你辣到流泪。

乐平狗肉

特色 特点是皮糯、肉香、骨酥。有别于四川放在火锅上涮，蘸着佐料吃的花江狗肉，乐平狗肉是用蒸、煮做结合的方法烹制。在蒸、煮的过程中，用稻草做燃料，狗肉放入锅中，盖上锅盖，还要用干净的纱布密封锅盖缝隙。快熟的时候，改用文火。吃时讲究现吃现切，否则就会减了香气。

咸水粑

特色 制法简单，久储不坏，以大米磨浆，掺以咸水，用特制粑筛猛火蒸成厚约10厘米的粑粑，食用时切成薄片，或以烟熏腊肉、大蒜等炒食，既是下酒佳肴，亦能饱腹。现代制作咸水粑为了节省时间，往往直接使用碱，这会破坏咸水粑的口感。传统的制作工制对咸水的要求很高，必须由纯天然植物制作成的咸，如用茶籽壳、黄豆杆、稻草烧成灰，再用水冲洗而成，冲洗后的咸水就是咸水粑成功的秘诀所在。这种咸水的碱性好，不仅原汁原味，而且无任何化学添加剂，非常健康。

瓷泥煨鸡

特色 相传清代时，景德镇瓷工将嫩鸡去毛、破腹后，在鸡腹内填满猪肉末、生姜、葱花、麻油等的佐料，用荷叶包好，再将绍兴老酒淋入瓷泥中，拌匀后，用含酒的瓷泥将嫩鸡及荷叶团团裹住，然后埋入刚开窑的热窑内煨十多小时，取出后剥去瓷泥与荷叶，鸡肉鲜嫩，酥烂离骨，食不嵌齿。其后，镇内的菜馆在瓷工们的烹调基础上加以改良，创出更为先进的煨烤方法，瓷泥煨鸡这道民间菜逐渐升格为景德镇最有名的传统名菜之一。

冷粉

特色 景德镇有三大必试地道小吃，除了饺子粑和咸水粑，还有冷粉。冷粉在很多地方也有，但景德镇的冷粉条比较粗，半径有约0.5厘米，相当于普通筷子的粗细，吃起来特别有口感。制作时，先在碗内放上切好的腌萝卜粒、橘子皮碎、辣椒末、花椒油等，再加入烫熟的冷粉搅拌即可食用。

搵食攻略

★老八汤店

景德镇十分有名的汤品店，食物价格经济实惠，人均消费约20元，因当地人好吃辣，故菜色味道偏辣。店内的鸽子汤和瓦罐汤很受欢迎，风味小吃如冷粉、咸水粑和饺子粑亦有售卖。

📍 地址：江西省景德镇珠山区胜利路东门

📞 电话：（0798）8233 508

★毛仔特色小吃

景德镇的特色小吃在这里几乎都能吃到，店内的环境比较简陋，但人气很旺，售卖的小吃包括：冷粉、咸水粑、饺子粑、炸清汤、凉拌皮蛋、猪耳朵等，小吃的味道比较地道，而且价钱经济，值得一试。

📍 地址：江西省景德镇珠山区东门头

📞 电话：（0798）8284 777

美景推介

古名"窑里"，位处三大世界文化遗产：黄山、庐山、西递和宏村的中心。唐代中叶，这里遍布生产陶瓷的手工业作坊，因瓷窑出名而得名。直至20世纪初，瓷窑外迁才改名为瑶里。瑶里的古村落大多临瑶河而建，清澈见底的河流与古色古香的民居，形成了一道亮丽的风景线。现在，瑶里还保存了多处宋、元、明等时期的古窑遗址，以及大量古矿洞、古水碓等瓷业遗迹。其中距离景德镇55公里的绕南古瓷窑遗址，是世界上已发现的最具代表性瓷窑遗址。在绕南陶瓷主题园区中，游客还可以透过丰富的陶瓷文化体验活动，亲身感受陶瓷文化悠久迷人的魅力。

中国第一家陶瓷专题艺术博物馆，以异地保护明清古建筑为依托立馆，馆内有"明闾"、"清园"等明清古建筑群12栋，珍藏古代陶瓷片数万片，展览的古今陶瓷珍品2500余件，从五代到现代各时期代表性的陶瓷作品都有，当中包括：五代的青瓷、白瓷；宋代的青白瓷；元代的青花瓷、卵白瓷、釉里红；明代的青花瓷、五彩瓷、斗彩、各类颜色釉瓷；清代的数十类精品陶瓷，和现代各陶瓷工厂、陶瓷研究所和陶瓷名家的作品。

🏠 地址：江西省景德镇市珠山区莲社北路169号

赣东北美食

赣东北美食包括饶帮菜（即上饶菜）和鹰潭一带的美食。饶帮菜起于明代，其时规模甚小，以经营地方小吃为主，

饶帮菜擅长炒、煮，偏重辣味，以古信州为中心，兼纳广丰、铅山、玉山各县市美味佳肴而成。由龙虎山道家文化熏陶出来的鹰潭美食，如天师八卦宴、上清豆腐等，在清淡之中蕴含了道家养生的真谛，别具特色。

弋阳扣肉

特色 又名经国扣肉、龟峰扣肉，有传是20世纪30年代蒋经国在赣南期间，他的厨师涂光明根据蒋经国的口味研制而成，后来成为蒋经国招待外宾、开宴时的首选菜肴之一。此菜以上好的五花猪肉为主料，配以龟峰特有的雪里蕻和多种天然香料、枸杞子、甘草等中药，加上梅菜蒸制，色泽红亮、梅香四溢，吃起来比豆腐更柔软爽滑，而且入口即化。

薄荷炒螺蛳

特色 用信江螺蛳，加入薄荷炒成，味道鲜美，草香袭人，深受当地人喜爱。制作时先用老虎钳夹去螺蛳屁股，把螺蛳放在清水里养半天让螺蛳吐尽沙，做菜前捞出螺蛳，放到篓盆里盖上盖，上下左右使劲摇晃，把螺蛳身上的脏磨下来，置油入锅，待油五成热时，倒下螺蛳不停翻炒，再放干辣椒碎等调料，最后放下碎薄荷翻炒几下即可装盘。

黄袍拜君王的由来

由黄鱼角烧上清豆腐而成的名菜"黄袍拜君王"，菜名相传与乾隆皇帝微服私访上清镇有关。第五十六代天师张遇隆发现紫微星南移，便知皇上驾到。天师先在家设好盛宴，再请这位"生客"来家一叙。席间，上了一道黄鱼角焖豆腐，乾隆觉得味道特别鲜美，便询问菜名，天师一语双关答道："这叫黄袍御史拜君王。"乾隆心里暗暗吃惊，认为天师果真厉害，不问而知自己的真实身份，口中却连声称赞此菜味道好，这道菜因此成为当地的佳肴。

美景推介 龟峰　位于上饶弋阳县境内，西倚龙虎山，东临三清山，北望婺源，南靠武夷山。从西南方眺望，龟峰形态有如一只昂首巨龟，景区内多龟形石，"无山不龟，无石不龟"。龟峰有"绝世三奇"，分别是独步天下的龟形丹山之奇、洞穴佛龛之奇，以及千古流芳的仁人志士之奇，景区内共有三十六峰、八大景，还有唐宋时期佛雕四十余座，是佛教禅宗的发祥地。

◰ 余干辣椒炒肉

推介 又称枫树辣炒肉、余干小辣椒炒肉。余干县洪家嘴乡双港村枫树自然村出产的辣椒质量优良，果实较小，肉质细嫩，味香辛辣，有"辣嘴不辣心，皮薄肉厚"的特点，在当地众多辣椒中最为有名。据有关文献记载，余干辣椒在明清时期曾多次作为地方特产进贡朝廷，已有二百多年的历史，无论是单独做菜，还是制成与五花肉同炒的余干辣椒炒肉，都掩饰不住其浓郁鲜辣的香味。

◰ 上清豆腐

推介 上清豆腐已有上百年历史，无论是豆腐还是豆腐干，都独具风味，用泸溪河中的黄鱼角烧上清豆腐炮制而成的历史名菜"黄袍拜君王"，在龙虎山中可称一绝，它的做法是先将黄鱼角用油略煎，加入米酒酿、生姜片、葱、整个红椒、盐等，倒入高汤，用旺火将鱼烧透，然后放入上清豆腐，微火炖十数分钟，最后撒上胡椒粉。成菜后豆腐细嫩香滑，沁人心脾。

龙虎山的天师八卦宴

龙虎山历代张天师宴请贵宾或举行重大活动才办的著名筵席。席中菜式特点是"进补养元"，也就是养生，菜品要求选料精细、荤素搭配得当、刀工匀整，口味以清淡为主，其中还蕴含了丰富的道教文化内涵。八卦宴由八大养生菜：天师养生茶、家备土果子、凉菜、家备的天师养生酒、道家修行用的"青精饭"以及主菜、点心、水果等组成，席间还会加入道家养生音乐，是全方位的养生宴席。设宴时，取老式八仙桌，按八卦图中的"干、坤、震、巽、坎、离、艮、兑"设定八个方位，宾客按地位、辈分入座，坐定之后，奏道乐上菜，十分讲究。

美景推介 **龙虎山** 位于鹰潭市区南郊16公里，是中国道教发祥地，被誉为"中国道都"，据说东汉时张天师在此炼丹，因"丹成而龙虎现"而得名，它同时是古代文学名著《水浒传》开篇描绘的名山，集国家重点风景名胜区、国家森林公园、国家地质公园、国家重点文物保护单位于一身，现开辟了上清、仙水岩和象鼻山三个景区，2010年被列入联合国世界自然遗产名录中。景区内包括99峰、24岩、108处自然和人文景观。道教文化、丹山碧水和崖墓之谜，构成了龙虎山景观的三绝。

赣西美食

历来以香辣著称；名菜莲花血鸭，口味清鲜、醇浓并重，体现了赣西美食讲究原汁原味的特点。

包括萍乡、宜春、吉安一带的风味美食，其中又以萍乡菜最具特色。萍乡菜擅长用辣，如萍乡小炒肉。

美食推介

安源火腿

特色 选用肉质鲜嫩的羊肉、猪肉做原料，以农村的传统工艺，通过腌、熏、烤三个主要环节加工制造，其色、香、味、形俱佳，而且肉色红润，香味独特，是招待贵宾和庆贺节日的上等佳肴。

萍乡小炒肉

特色 地道萍乡风味菜，因为萍乡靠近湖南，此菜深受湘菜的影响，历来以香、辣著称。其主要材料是猪肉和辣椒，菜色的重点在炒功之上，烹调时要把肉炒出油汁才能见其中的风味。先把肥肉炒熟，然后把腌好的瘦肉放入锅内翻炒，加入酱油、姜、大蒜、青红辣椒，再反复翻炒，直至大蒜炒出香味之后，放适量的盐再炒几下，这样成菜才能有香气四溢的特点。

莲花血鸭

特色 属萍乡菜，不仅色美味香，鲜嫩可口，菜式还有一个源远流长的典故。南宋年间，丞相文天祥兴师勤王，各路英雄豪杰聚会江西莲花，共商兴国大业，准备开帅旗饮血酒。因当时缺鸡，遂以鸭血取代。当时伙头军里叫刘德林的厨师，因能为文天祥摆酒接风而心里紧张，烧鸭子时过于慌乱，将没喝完的血酒当成辣酱倒了进去，但炒出的鸭子味道鲜美，文天祥赞不绝口，从此血鸭这道名菜美名远扬。

美景推介 流坑海村 被誉为"千古第一村"，位于江西乐安县西南，建于五代南唐升元年间，至今已有一千多年的历史，是一个董姓单姓聚族而居的村落。流坑现存各类建筑及遗址260余处，重要文物321件，各种各在历史价值的匾额、楹联、雕刻多不胜数。其民居建筑之美、家族之大、艺术之精、延续之久，在全国十分罕见。

遂川板鸭

特色 采用中国三大名鸭之一的红毛鸭做原料，远在南唐以前，遂川已有养鸭的传统，经过千百年的驯化和改良，逐渐培育出一种名叫红毛鸭的优良鸭种。红毛鸭体态匀称，臀部圆肥，板鸭成型美观，特别是脱毛后，皮下不留毛脚，堪称板鸭中的上品。遂川板鸭经过腌制、烘烤、晾晒三道传统工序制成，香味浓烈，味道醇厚，深受港、澳、南洋消费者青睐，被称为腊中之王。

红薯丝饭

特色 由红薯加工而成，昔日是井冈山区的传统主食。一般在农历九月后，人们将红薯洗净，用手刨成细丝，与煮至五成熟的米饭混合，再用木甑蒸熟。蒸好后的薯丝饭，喷香清甜，热吃尤有滋味。薯丝与大米比例，可多可少，一般为一比一左右，过去当地流传着一首民谣："薯丝饭，木炭火，除了神仙就是我"，反映了当年山区农民生活的清贫节俭，随着经济环境日渐改善，人们主粮以大米为主，红薯丝饭中的薯丝已比过去少了很多。

井冈山烟笋

特色 井冈山盛产着各种各样的美味竹笋，其中烟笋被誉为"竹林海参"，在遮天蔽日竹林中，鲜嫩爽脆的大竹笋剥去外壳后，用泉水一煮，顿时香气四溢，再用木炭文火焙烤至干，熏制成黑褐色的笋干，这就是烟笋。烟笋有很多不同的吃法，如水煮烟笋、烟笋烧五花等，当中又以烟笋炒肉最妙，成菜肉味甘美，笋味绵长。

美景推介 △井冈山 井冈山有"中国革命摇篮"之称，是第一个农村革命根据地。景区面积共213平方公里，区内峰峦重叠、云雾缭绕，是欣赏自然美景、探奇觅幽的胜地。其他景点包括：著名的黄洋界保卫战战场黄洋界、通向五大哨口和五井，现已成为井冈山旅游接待中心的茨坪、井冈山革命烈士陵园、会师广场、象山庵，以及珍藏大量革命历史文物的井冈山革命博物馆。

徽菜

安徽黄山、绩溪

江西婺源

徽H 历史

  徽州简称"徽"，是中国历史上一个行政区，于宋宣和三年由歙州改称而来。历宋、元、明、清四代，统一府六县，包括歙县、黟县、休宁、绩溪、祁门及婺源。直至1987年，徽州地区改名为黄山市，划属安徽省，其中婺源划属江西省，徽州这名字在中国的行政区图上从此撤销。然而，现在提及徽菜、徽商及徽派建筑，人们仍然会以古徽州的地域概念来划分不同地理区域。徽州是徽商的发祥地，明清时期徽商称雄商界五百余年，其活动范围之广以及资本之雄厚，皆居其时商贾集团前列，及后徽州文化亦成为中外学者重点研究的中华三大地域文化之一，而徽菜的形成、发展与兴起，与徽商及当地民俗文化有着密切的关系。

主要分布区域

安徽黄山、绩溪，江西婺源

绩溪

安徽

黄山市

婺源

江西

〉饮食文化

　　徽菜是中国八大菜系之一，仅仅指徽州菜，而不能等同于安徽菜。徽菜来自古徽州，即今日的安徽黄山市、绩溪县及江西婺源县，它发端于唐宋，兴盛于明清，起源于黄山麓下歙县，以烹制山珍野味著称，徽菜的发展与形成，皆与江南古徽州独特的地理环境、人文环境和饮食习俗有关。

　　春秋时期，著名的政治家及思想家管仲(安徽颍上人)，提出"民以食为天"；淮河流域著名的烹调大师易牙，长于辨味，能用煎、熬、燔、炙等多种方法，精心调味制作佳肴，这期间可视为徽菜的初创阶段。西汉时期，淮

南王刘安的门人发明了豆腐，并系统而全面地总结了中国烹饪的饮食经验，形成了一套完整的学说。其后，宋代徽商兴起，徽州的经济和文化影响力巨大，其烹饪技术也随着徽商的足迹遍及全国。明代晚期至清乾隆末期是徽商的黄金时代，扬州著名商贾八十人中，徽商有六十人；十大盐商中，徽商占一半以上，他们富甲天下，又偏爱家乡风味，其饮馔之丰盛，筵席之豪华，进一步推动了徽菜的发展。经过历代名厨兼收并蓄，徽菜已成为中国八大菜系之一。

徽州菜

说到徽菜，大家会想起徽州菜或安徽菜，其实徽州菜和安徽菜两者并不相同，全国八大菜系之一的徽菜，是徽州菜的简称。徽州古称新安，自秦置郡县以来，已有2200余年的历史，它起源于黄山麓下的歙县（古徽州），烹制山珍野味而著称，山区的果子狸、鹿、山鸡、斑鸠、甲鱼、鹰龟、石鸡、香菇、竹笋等，都是徽菜的特色材料。著名的菜肴有：菊花锅、金银蹄鸡、黄山炖鸽、黄山双石等。徽菜中，有两样最为奇特的美食，又可称为怪吃，一是把新鲜的鳜鱼放臭才吃的臭鳜鱼；另一样是毛豆腐，又称为虎皮毛豆腐，都是徽州菜中的名点。

美食推介

臭鳜鱼

特色 又叫桶鲜鱼、腌鲜鱼。“腌鲜”在徽州土话中就是臭的意思。臭鳜鱼闻起来臭，吃起来香，既保持了鳜鱼的本味原汁，肉质又醇厚入味，同时骨刺与鱼肉分离，肉成块状。是徽式风味的代表菜。制作时，先将新鲜的鳜鱼用淡盐水腌渍，待鱼体发出似臭非臭气味，再放入油锅略煎，配以猪肉片、笋片，小火红烧至汤汁浓缩即成。

有关臭鳜鱼的传说

相传二百年前，徽州府调来一位姓苗的知府，他嗜鱼成性，尤好鳜鱼，但徽州境内重峦叠嶂，难产大鱼，仆人唯有从贵池、铜陵等沿江地区，靠肩挑运鱼往返，因路程崎岖，每趟要六七天的时间。经常给苗知府运送鳜鱼的衙役王小二，一次到贵池收购鳜鱼时，因天气太热，鳜鱼在桶中窒息而死，并散发出一股臭味。王小二怕受堂杖皮肉之苦，返回重买又会血本无归，他情急生智，把鱼刮鳞剔腮，剖肚剔肠，然后在鱼身上抹上食盐除了臭味，再命饭店厨师把鱼煎烧。臭鳜鱼经红烧后，别有一番风味。王小二回到徽州府后，把16桶臭鳜鱼洗净，然后配上姜、蒜、椒、酱、酒、笋等佐料精烧细制，再写了一条“徽菜珍品风味鳜鱼应市，本店免费品尝”的横幅，立即吸引许多达官贵人、市井人家络绎而来，品尝风味鳜鱼。苗知府因没有如期吃上王小二到贵池购买的鲜鳜鱼，早已对鱼馋涎欲滴，这时王小二从府前街端了一锅风味鳜鱼送到苗府，苗知府顾不了多问，张口一尝，道：“风味鳜鱼，名不虚传！”这鱼既保持了鳜鱼的本味原汁，肉质又醇厚入味，骨刺与鱼肉分离，肉成块状。苗知府吃了还想吃，不再向王氏追问鲜鳜鱼的事，臭鳜鱼由此声名远扬，一跃而登上徽菜菜谱中。

菊花锅

用上铜质镂花的特制餐具，在锅下燃点酒精，火焰从花纹镂空处四射，蔚为奇观。锅中的汤煮沸后，先放入白菊花，然后把生料烫熟，蘸麻油食用。待生料烫食完，将油炸粉丝下入锅内，同时将生鸡蛋打入锅内，熟后再将粉丝随汤盛入小碗作为饭点，整个进餐过程非常有趣，甚具地方色彩。

金银蹄鸡

原料为猪蹄膀、母鸡、火腿。相传是在苏州地区的"金银蹄"基础上改进而成。用火腿和猪蹄烹制的金银蹄，肉质肥厚鲜香入味，但油汁过重，鲜味不足，当地厨师加入母鸡用砂锅煨制，创作出肥美味鲜的金银蹄鸡，此菜火腿金红如胭脂，蹄膀玉白，鸡色奶黄，小火久炖，汤浓似乳，味鲜芳香。

▲ **黄山** 被誉为天下第一奇山，是三山五岳中三山之一。黄山群峰林立，共有七十二峰，主峰莲花峰海拔高达1864.8米，与平旷的光明顶、险峻的天都峰并称黄山三大主峰。三峰雄踞景区中心，周围还有77座千米以上的山峰，群峰叠翠。黄山云海以美、胜、奇、幻享誉古今，一年四季皆可观，又以冬季景为最佳，游人登上三大主峰，可把东海、南海、西海、北海和天海的云景尽收眼底。

虎皮毛豆腐

以屯溪、休宁一带的毛豆腐炸制而成。

毛豆腐是徽州驰名的素食佳肴，利用人工发酵，让豆腐表面生长出一层白色的茸毛（白色菌丝），故称毛豆腐。豆腐在发酵过程中蛋白质分解成多种氨基酸，味道较一般豆腐鲜美，表面的茸毛经煎炸后呈虎皮条纹，因而有虎皮毛豆腐的叫法。此菜鲜醇爽口，进食时可配以辣椒酱同吃。

毛豆腐是明太祖的御膳

元朝末年，农民相继起义，朱元璋投奔义军。1357年春，他率领义军在徽州驻扎，常亲自教随军的厨师煎制毛豆腐。以后此菜式在当地广为流传。后来朱元璋当了皇帝，因不太喜欢皇宫中的菜肴，仍然怀念虎皮毛豆腐，常叫人按他亲自传授的方法制作，久而久之，这道菜便成了御膳房必备的佳肴。

黄山炖鸽

黄山不仅风景著名，其特产山珍野味也令人垂涎，如黄山炖鸽这道名菜，就是取材于黄山名产——黄山山药与黄山野鸽，以隔水炖法烹制而成。成菜汤清味鲜，鸽肉酥烂，山药爽口，并有补脑益肾、强身健体的食疗功效，常被人视作为滋补的延寿佳品。

鱼咬羊

将羊肉装入鱼肚子然后封口烹制而成。

制法是将桂鱼去鳞腮及内脏，取出大骨，用水洗净，把炒熟的羊肉块放入鱼腹中，用麻线捆住切口，防止羊肉露出，再将鱼煎成两面金黄色时取出，去掉麻线，放在锅内，加入八角、葱、姜、绍酒、白糖、盐、清汤和烧羊肉的原汤，用小火煮滚，再煨数十秒钟即可起锅装盘。

腊八豆腐

黟县的风味特产。在春节前夕的腊月初八，家家户户都会晒制豆腐，人们于是将这种豆腐称作"腊八豆腐"。制作方法是先用小黄豆做成豆腐，后切成圆形或方形的块状，再抹上盐水，在上部中间挖一小洞，放入适量食盐，置于太阳下慢慢烤晒，等盐分被吸收和水分晒干后，即成腊八豆腐。成品色泽黄润如玉，入口松软，味道咸中带甜，既可以单独吃，亦可与肉类同炒、同炖。招待贵宾时，黟县人还会将其雕刻成动物、花卉的形状，再浇上麻油，拌上佐料，配成冷盘，炮制成酒宴的佳肴。

奶汁肥王鱼

由肥王鱼配以多种调味料制成的一道亦汤亦菜的佳肴。肥王鱼又称淮王鱼、回王鱼，产于安徽淮南凤台县境内峡山口一带数十里长的水域中，是鱼中上品。西汉淮南王刘安喜食肥王鱼，一次他宴请大臣，因人多鱼少，厨师以其他鱼冒充肥王鱼，结果被识破，刘安大发雷霆，并说："吾一日不能无肥王。"可见肥王鱼得宠的程度。后来此菜流入蚌埠、合肥一带民间，并以奶汁鸡汤煨煮，成为徽菜一绝。

杨梅丸子

起源于歙县，约在二百年前已流传各地。以肉、蛋和杨梅汁制成，呈玫瑰红色，入口香甜带酸，形、味皆如真杨梅，是徽州的民间菜。做法是先把猪肉剁成肉泥，加鸡蛋拌匀，再加入面包屑拌匀成馅，将肉馅用手搓成如杨梅圆子大小的圆球，滚上面包屑，下锅炸至浮起及呈金黄色时。最后加上以白糖、醋、杨梅汁煮成的酱汁，翻炒片刻即可。

▲ 天柱山　天柱山有天柱峰、飞来峰、飞虎峰、莲花峰、天狮峰、翠华峰、三台峰等柱状、锥状、弧状、脊状的千米以上的山峰45座。其中天柱峰堪称天柱山的标志，常见"遥天一柱碧，挂壁片霞红"；天池峰的神奇是七色光环的"佛光"，有幸看到者无不赞叹；飞来峰南面悬崖上有一片斑斑龙鳞，酷似安徽省地图，又是一奇观。天柱山拥有得天独厚的自然环境，区内气候温和，日照充足，森林覆盖率达97%，多达1650种垂直分布的野生植物组建了这座"绿色博物馆"，其中珍贵树种有银杏、珍珠黄杨等数十种。特别是倒挂绝壁的探海松、同根共生的五妹松、虬龙松和天池峰绝壁上的天柱松王，已经成了摄影家的创作之源。

◁ 徽式卤舌

徽的卤菜与众不同，一是带甜味；二是不盐腌、不加硝、不用色素，卤汤以绍酒为主；三是卤好的原料不取出，在卤汤中浸泡至凉方可取食，这样既可防止风吹干缩，又能保持色泽不变。徽式卤舌的做法是取大砂锅放入绍酒、酱油、冰糖等佐料，再放入猪舌，煮至六成烂时端可关掉炉火，猪舌留锅中浸泡。上菜时取出猪舌，切薄片。

◁ 问政山笋

竹笋是徽菜中的一味山珍，问政山笋在所有的笋味中最为鲜嫩，在历史上曾被列为贡品，但独吃时香味略为不足，于是人们喜欢用香肠、香菇同炒，制作成"两香问政山笋"。笋经烧焖后入味透、质脆嫩，配以香菇等材料的芳香，其味鲜香，令人难忘。

◁ 红烧桃花鳜鱼

桃花鳜原名石级鱼，在黄山桃花盛开时最肥美，故名桃花鳜。烹调时，先取桃花盛开时节的新鲜石鳜鱼，鱼身两侧上荷叶形刀花，用上等酱油浸腌后，放入油锅中炸至呈淡黄色，配以五花肉丁，春笋丁及葱、姜、鸡汤，用小火红烧而成。成菜色红诱人，味鲜软嫩，是徽州春季的时令菜肴。

美食推介 ▶ 棠樾牌坊群

棠樾牌坊群，是皖南牌坊中最有名的一处，村内共有七座牌坊，三座建于明朝，四座建于清朝。棠樾村明清时外出行商的人颇多，有的成为世袭的官商门第，他们出巨资在棠樾故里修造一系列以巩固宗法制度为目的的建筑物，而牌坊就是其中一项重要内容。古朴典雅的牌坊群，无论从前看还是从后看，都以忠、孝、节、义为顺序，周围伴以古祠堂、古民居、古亭阁，有广阔的田园风光和秀丽的山光水色。

黄山双石

以产于黄山的著名特产——石鸡和石耳作主料的名菜。黄山石耳是一种药用山菜，属上等徽州名菜，形状和木耳相似，清代的《本草纲目拾遗》中称石耳"久食色美，益精悦神，作羹饷食，最为珍品"。而石鸡，是一种蛙类，无论是红烧还是清蒸，都十分可口，其丰满的后腿，比鸡肉或者是牛蛙肉有过之而无不及。

香菇盒

荤素合一的传统徽菜，用香菇做成盒盖和盒底，中间夹有馅心，菜品形状有如灵芝初放，入口馅鲜菇软。做法是选用大小相若的香菇洗净去蒂，取一半香菇菇面向下摆放，每朵菇上放一份肉馅，再把余下一半的香菇盖在馅上，上笼蒸10分钟，最后淋上芡汁，即成有如众多小盒放在盘中的佳肴。

美食推介 ▲ **歙县** 属古徽州六县之一，是徽州文化其中一处发祥地，古代为徽州府治所在地，也是徽商的主要发源地以及文房四宝中徽墨、歙砚的主要产地。歙县与四川阆中、云南丽江、山西平遥并称为"中国保存最为完好的四大古城"，境内文物古迹星罗棋布，旅游资源极为丰富，著名景点包括：徽州古城、棠樾牌坊群、徽商大宅院、雄村景区、新安江山水画廊等。

美食推介 特色

西递行馆

据说，西递始祖为唐昭宗李晔之子，因遭变乱，藏匿民间，改姓为胡。胡家经商发达后，着手建房、修祠、铺路、架桥。西递行馆前身就是乾隆年间的胡氏总祠，行馆内为典型的古徽州民居建筑和徽式园林特色。最特别的是宽敞的中餐厅"尚孝厅"和"尚义厅"，厅堂高耸，红灯高挂，仿如昔日大户人家的样式，餐桌和椅子也都是老式家具。有些餐厅还有类似昔日大家闺秀住的木制阁楼，在这样的地方用餐感觉自是不同。中餐厅提供传统徽州菜，其中黄山双石、徽式臭桂鱼和石耳土鸡汤都是必试菜色，其他推荐菜还有：腊味蕨条、火腿蒸紫藤、冬笋刀板香。

🏠 地址：安徽省黄山市黟县西递风景区

📞 电话：（0559）5156 999

美景推介

◀宏村

宏村取宏广发达之意，又称弘村。始建于南宋绍兴年间（1131~1162年），距今约有900年的历史，是一座奇特的牛形古村落。全村现完好保存明清民居140余幢，承志堂"三雕"精湛，富丽堂皇，被誉为"民间故宫"。著名景点还有：南湖风光、南湖书院、月沼春晓、牛肠水圳、双溪映碧、亭前大树、雷岗夕照、树人堂、明代祠堂、乐叙堂等。 🏠 地址：安徽省黄山西南麓，距黟县县城11公里

食在皖南古村落

民居、祠堂和牌坊，有「徽州古建三绝」之称。入选世界文化遗产名录的西递和宏村，既是看徽派民居、古建筑的不二之选，同时也是品尝精致徽菜的好地方。

查记酒坊

酒坊位于西递古村内，虽然面积不大，但很有特色。酒坊的柜台上摆放了写有不同名字的大酒坛，上面吊一些竹筒做的酒罐。旁边有个酒吧区，深褐色的桌子、高脚的子，与周围的环境很协调。这儿的酒都是自家酿的，并且已有200年的酿酒史，其中一种叫三笋醴的酒，"一口酸、二口甜、三口酒"，每一口都有不同口感。据说此酒又名"十五年封缸"，徽州人家生女儿当年，会选用上等的珍珠糯米，请查记酒坊上门酿一缸糯米酒。然后封于坛中，埋入地里。及女儿满十五岁行成人礼时，开缸祭族和答谢亲友。

🏠 地址：安徽省黄山市黟县西递风景区内

觅食攻略

★得月楼

环境古色古香，露天座位正对着月沼，景色宜人，但人多的日子会有点嘈杂。老板自家酿制的桂花酒和杨梅家不错。必试菜色：土鸡汤、笋干腊肉煲、五加皮炒蛋。

🏠 地址：黟县宏村月沼附近

📞 电话：（0559）5541 480

五加皮炒蛋

★松鹤堂

宏村里比较有名的餐店连旅馆，主理徽菜，菜品选择多，但食物味道较浓。

🏠 地址：黟县宏村上圳7号

📞 电话：（0559）5541 255

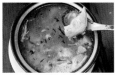

土鸡汤

美食推介

◀ **西递** 原名西川，又称西溪，与宏村同时列入世界文化遗产名录。西递始建于北宋皇佑年间，发展于明朝景泰中叶，鼎盛于清朝初期，已有960年历史。据史料记载，西递始祖为唐昭宗李晔之子，因遭变乱，逃匿民间，改为胡姓，繁衍生息，形成聚居村落，故此村自古文风昌盛，直至明清年间，部分读书人弃儒从贾，经商有成，在故乡大兴土木，建房、修祠、铺路、架桥，现在虽然半数以上的古民居、祠堂、书院、牌坊已毁，但仍保留数百栋古民居，从整体上仍看到明清村落的基本面貌和特征。

🏠 地址：黄山南麓，距黄山风景区40公里

屯溪小吃

毛豆腐

又被称为徽州毛豆腐，上好的毛豆腐生有一层浓密纯净的白毛，上面有黑色小颗粒，是毛豆腐成熟的标志，它是歙县、屯溪、休宁一带特的特产，油煎后，佐以葱、姜、糖、盐及肉清汤、酱油等调味，上桌时以辣椒酱佐食，简单地煎制或炸制后，即成开胃滋味的地道小吃。

毛豆腐的来历

相传，朱元璋一次兵败徽州，逃至休宁一带，腹中饥饿难耐，于是命随从四出寻找食物，一随从从草堆中搜寻出逃难百姓收藏的几块豆腐，其时豆腐已发酵长毛，因为没有其他食物，随从只得将豆腐放在炭火上烤熟给朱元璋吃。不料烤熟的豆腐味道十分鲜美，朱元璋吃了非常高兴，还下令随军厨师制作毛豆腐犒赏三军，毛豆腐遂在徽州流传下来。

蟹壳黄烧饼

又名黄山烧饼、救驾烧饼、屯溪黄烧饼或火炉饼。特点是外形饱满，饼皮分开多层，每层透薄如纸，酥松油润而不腻。其制作原料有面粉、猪肉、芝麻、菜油等，由于烘烤时间长，饼中水分大多蒸发，利于贮存，即使受潮，烘烤后依然酥香如故。屯溪烧饼救驾烧饼之称，原于民间流传朱元璋避难到徽州时，遇上一农家，主人拿出平日爱吃的烧饼给饥饿难当的朱元璋充饥，朱元璋次年称帝，不忘农民的救命之恩，于是封屯溪烧饼为救驾贡饼。

甜酒酿

用上等糯米酿制而成，在黄山市的街头巷尾，经常可以看见有人挑着担子叫卖。担子两头是两只石鼓形的竹篮，竹篮上的盖子中间镶着玻璃，玻璃下面放着一碗碗米酒酿，酒酿中间注满了甜酒汁。甜酒酿吃法分为两种：夏天时凉食；在冬天就把酒酿与蜜枣、鸡蛋同煮，吃起来又香又甜，有御寒的作用。

徽墨酥

以黑芝麻为主料的安徽知名小吃。黄山市旧称徽州，因盛产著名的徽墨而被称做徽墨之乡，徽墨酥外形酷似徽墨，长约6厘米，宽4厘米、厚1厘米，是一般徽墨墨锭的标准尺寸，酥体从外到内乌黑油亮，芳香四溢，味道甜而不腻，入口后不用咀嚼就会融化，吃后满口生津，还有润喉、滋肺、乌发等特效。

徽墨酥的由来

唐朝末年，南唐皇帝李煜因爱好舞文弄墨，对笔墨十分讲究，他知道河北有位叫奚廷珪的制墨高生流浪江南，便安排他在徽州造墨。不久，北宋太祖赵匡胤统一北方，灭了南唐，李煜被北迁到宋朝都城汴京，他看到书房缺墨，习惯地派人来徽州取墨。宋朝派来的总管知道后，计划以此事作为"降王交通外地、私取货物"的证据。廷珪得知墨坊里驻有宋朝的督责官，私取贡物，罪犯天条，但空手而回又对不起主人李煜，正在苦恼之际，见糕点店的黑麻馅与墨里的墨料一模一样，于是取来墨模，借了酥馅印制批墨锭，再交来人带走。李煜逃过一劫，徽墨酥因而名扬四海。

汪一挑馄饨

在屯溪老街上，有家汪一挑馄饨店很有名。店主很有生意头脑，沿街叫卖十年后开了这家店，现在是徽州馄饨的传承代表。店铺为典型的徽派建筑，一边白墙黑字写长长的《汪一挑馄饨记》，另一边褐色木板上黄字写另一篇长文《一挑馄饨赋》，大门两侧还摆放店主当年挑过的担子，文化味十足。这里的馄饨都是现场制作的，师傅手法十分熟练，三分钟即可起锅，馄饨用料新鲜，皮薄馅多，碗和汤匙上还印有老板的肖像，相当特别。

📍 地址：安徽省黄山市屯溪老街三马路14-16号

📞 电话：（0559）2522 917

美食推介
▶ **屯溪老街**　俗称老街，坐落在黄山市屯溪区中心地段，已有数百年历史，全长832米，宽约5至8米，是目前中国保存最完整，具有宋、明、清时代建筑风格的商业步行街。老街的建筑群不仅沿袭了宋代风格，同时也继承了徽州民居的传统建筑风格，规划布局，有鲜明的徽派建筑特色。白粉墙、小青瓦、鳞次栉比的马头墙，淡雅古朴；建筑内雕梁画栋，徽派的砖、石、木三雕特色展现淋漓尽致。临街建筑大多为前店后坊、前店后仓、前店后住的格局。街道两旁设有茶楼、酒肆、书场、墨庄等，古趣盎然。

婺源美食

婺源地处皖、浙、赣三省交界处，现属江西上饶市，有「书乡」和「茶乡」之称。古时婺源隶属徽州，历唐、宋、元、明、清至近代一千二百多年，均为古徽州六县之一，同时是八大菜系中徽菜发源地之一，直至1934年才改隶江西省，因此在饮食文化和风俗上，很大部分继承了徽菜传统，本土菜以粉蒸、清蒸和糊菜见长，名菜有粉蒸肉、糊豆腐、清蒸荷包红鱼、糖醋鹅颈，民间小吃有清明粿、汽糕、糯米子糕等。与此同时，婺源的菜肴亦受赣菜影响，直至今天被视为是徽菜与赣菜的有机结合，构成了这地方独有的饮食特色。

🥢 荷包红鲤鱼

美食推介

特色 清蒸荷包红鲤鱼是婺源名馔。婺源的红鲤鱼头小尾短、鱼脊高而宽，鱼腹肥而大，放在桌上极似江西民间常见的绣荷包而得名。又因其肉质肥美细嫩，肥而不腻，香而不腥，味道与平常的鲤鱼不同，鱼肉中的脂肪和蛋白质含量比普通鲤鱼高，兼有滋补和药用价值，能安妊娠、止咳逆、疗脚气，故被当地人誉为"人间天物"。

明神宗与荷包红鲤

据史料记载，明朝万历年间时任户部右侍郎、总理漕储的婺源人余懋学，将荷包红鲤献给明神宗，以示家乡物华天宝。明神宗目睹荷包红鲤雍容华贵的体态，鲜艳夺目的色彩而龙颜大悦，称之为"圣鱼"，并放养于故宫御池中，使之得以长伴君侧。

糯米子糕

一般是在春节时做，婺源人用来做点心招待亲友，或者是宴席上作为最后一道菜，用意是怕客人没吃饱，可以用来填饱肚子。子糕做法和广西的糍粑相似，区别在它需要蒸两次，先将糯米蒸成糯米饭，然后拌卜其他材料后再蒸一遍。有三种口味，最常见的是用鸡蛋、五花肉、盐做成的咸味；另一种则是用鸡蛋、红枣、红糖和五花肉味而制的甜味；第三种现在已很少见，制作时会用上猪血和五花肉。鸡蛋在当地被称为"子"，子糕寓意子孙高中。

汽糕

相传朱元璋和陈友谅在鄱阳湖开战时，朱元璋多次往返婺源，某年五月初五，他途经此地时觉得饥饿难耐，一老妇人送他自制的小吃汽糕，这糖点是在蒸屉里铺上薄布，浇上一层薄薄的米浆，撒上切成丁状的豆腐干、豆角、豆芽、虾米等再切成薄片而成。后来朱元璋做了皇帝，有人认为这跟他在端午节时吃上汽糕有关，因发糕是好兆头，最后高到做了皇帝，此后当地人逢端午节一定吃汽糕，寓意步步高升，如今汽糕已成为特色小吃和日常的早点，不必等到端午节也可以吃到。

酥月

婺源在中秋时节必吃的自家制糕点，相当于月饼，由黑芝麻、白糖和猪油制成，以果仁入馅，外酥内甜，香软可口，是探亲访友必备之物，也是女儿、女婿孝敬父母的佳品。

▶三清山

已列入世界自然遗产名录，位于上饶地区的玉山和德兴两县交界处，因玉京、玉虚、玉华三峰"如三清列坐其巅"而得名。其中主峰玉京峰海拔1817米，为三清山最高峰。很多人以"小黄山"比喻三清山，其实黄山的险峻与三清山的秀美，根本是两种风格，不能相提并论。三清山是道教名山，据史书记载，东晋年间，炼丹术士、著名医学家葛洪与李尚书上三清山修炼仙丹，至今山上还保留葛洪所掘的丹井和炼丹炉的遗迹。

糊豆腐

糊菜之代表，味道既鲜且清。制作时，先将豆腐切成豆粒大小，倒进放有高汤的热锅里，加调料焖，后浇上熟猪油，加入虾仁、肉蓉、香菇丁和笋尖，一手搅拌，一手撒米粉，再放入碎香菜，撒些胡椒粉和葱花即成。

粉蒸菜

对于婺源人来说，"没有粉蒸不成宴席"，粉蒸菜是这里的一大特色，不但岁时节令要蒸菜、蒸饭献给长辈，生辰寿诞也要用蒸菜敬祖，红白喜事也自然不例外了。蒸菜源于农家，来源有悠久的历史，婺源属丘陵地区，山多田少，古时男子大多外出经商，只剩女子在家，为了省柴和省时，妇女煮饭时都把各自的饭菜放在饭甑里一起蒸，饭熟之后将蒸熟的菜从饭上盛出拌上油、盐、辣椒等调料，如此便成了一道美味佳肴。粉蒸菜有粉蒸茄子、青菜、豆角、鱼、肉，而当中的经典，一定是粉蒸肉。五花猪肉切块后置于钵中，再放入酱油、辣椒等调料搅拌，最后粘滚上生米粉用大火蒸两小时即成。

美景推介

▼ 严田古樟 一株千年大樟树，周围装点着古老的水磨、石碾以及徽派民居，一派小桥流水流人家的意境。附近有严田古樟民俗园，园区位于著名的景点鸳鸯湖和彩虹桥之间，与周边自然的田园风光浑然一体，游客在此观赏古樟、古桥、茶亭、鱼塘、人家、小桥流水，以及体验徽式的民俗文化和古建筑。

清明粿

每逢清明节前后，婺源家家户户都会制作一种颜色青绿，天然清香的特色小吃。它形似饺子，用一种叫野艾的野菜所制，当地人又会用它祭奠先人。制作时把野艾煮熟，与面粉、糯米、粘米粉一起搓成面团，然后填入腊肉、猪肠、冬笋、豆腐和野艾等馅料，最后捏合而成小酒杯状放在锅中蒸熟即可。吃起来时，果皮韧劲十足，一口咬下去，满口都是野艾的清香。

清蒸塘鱼头

婺源人有中秋吃塘鱼的习俗，因中秋是塘鱼头养得最为肥美的时候，人们认为鱼头中的脑髓吃了补脑，既有营养又鲜美，主人在中秋请客人吃鱼头，意思是把最好的东西留给客人。当地农家会在自家门前挖个小鱼塘，引入山中冷水，每天割草养鱼，塘鱼生长速度慢，一年才能长到一斤，因此只留在逢年过节或者是招待重要客人时吃。

▶ 思溪、延村

位于县城北偏西18公里处的思口镇，是婺源最典型的商宅古建筑群。思溪距延村0.5公里，该村建于南宋庆元五年（1199年），村落背山面水，嵌于锦峰绣岭、清溪碧河的自然风光中，房屋群落与自然环境巧妙结合，山水互相映衬，如诗如画。村口有明代的"通济桥"和"如来佛柱"，是古时村落水口组合建筑的遗址。村中清代商家住宅有"振源堂"、"承裕堂"、"承德堂"、"孝友兼隆厅"等，建筑的砖雕、石雕和木雕工艺精湛，充分体现了徽派民居的建筑特色。这里还有清代的"银库屋"，现在已十分罕见了。

德鑫园生态农庄

特色 主攻江西菜的餐馆，环境十分好，设计古色古香，店两旁有成片的茶园，在婺源算是比较有名气的食店，这里每间房都可以观赏到茶园景色，不少游客特来此边品茶边赏景，还有欣赏茶艺表演。推荐菜肴：荷包煎红鲤鱼、砂锅豆腐、土鸡汤。

🏠 **地址**：江西省上饶市婺源月亮湾

📞 **电话**：(0793) 7268 888

茶博府公馆

特色 位于四星级酒店内的特色饭店，由外观装修到内部设计都似清朝的贵族府第，连服务员也是穿着古装的。这里的菜色十分多元化，除了地道江西菜还有四川菜和广东菜，价钱以高级食府来说不算贵，人均消费约60元，由于公馆就在婺河边，饱餐一顿后，可以沿河而行，欣赏岸边的古村景色。推荐菜肴：炸槽鱼、春笋鸡汤、糯米子糕。

🏠 **地址**：江西省上饶市婺源文博路33号

📞 **电话**：(0793) 7366 888

美景推介 ▶ **李坑** 一个以李姓居民为主的古村落，距婺源县城12公里，自古文风鼎盛、人才辈出。自宋至清，仕官富贾达百人，村里的文人留下传世著作达29部。村落群山环抱，山清水秀，风光旖旎，明清古楼遍布，民居宅院沿溪而建，依山而立，粉墙黛瓦，参差错落。村内街巷溪水贯通，九曲十弯，青石板道纵横交错，有石、木、砖各种溪桥数十座沟通两岸。现存的古建筑保存完好，小河两岸都是徽派民居，其中光明茶楼的天台是俯瞰街景的好地方。

婺源特产

◣ 江湾雪梨

据《婺源县志》记载，明代初期，婺源人已在江湾栽种雪梨，其时人们把新引进梨苗与当地野生棠梨嫁接，观之如残雪，故谓雪梨。江湾雪梨的品种有"六月雪"、"西岗坞"、"白梨"、"苏梨"、"马铃苏"等多种，其中以西岗坞梨为上品，该梨体大肉厚、皮薄核小，果肉细嫩、醇甜汁多，还有润肺凉心、消痰降火的保健功效。

◣ 大鄣山茶

除了婺源茗眉，大鄣山茶同样是婺源绿茶中的一颗明珠。大鄣山坐落于婺源北部，海拔1630米，纵横2100平方公里，这里终年云遮雾罩，得天独厚的气候和土壤，造就了香高、汤碧、味厚的大鄣山茶，现在它已是婺源著名的"有机绿茶"茶种。

◣ 珍珠液酒

因汲当地清澈凉冽、甘甜润口的"珍珠泉"水酿成而得名。珍珠液酒选用当地纯糯米，以民间草药、糖曲作发酵剂，封缸陈酿，酒色为茶红褐色，清亮发光，其香长留不散，味道甘醇可口。

◣ 猕猴桃

俗称羊桃，果实呈卵形或球形，含多种维生素，又可制成果酱或酿酒。猕猴桃树的根部可入药，具有清热利尿、散瘀止血作用；树皮和髓均可造纸，婺源山野中遍布猕猴桃树，每年产量更达5,000吨以上。

◣ 婺源茗眉

婺源绿茶以"颜色碧而天然，口味香而浓郁，水叶清而润厚"的特点著称。早在唐代，这里已是绿丛遍山的著名茶区，因而又有"茶乡"之称，山区气候温和，雨量充沛，终年云雾缭绕，栽培茶树品种繁多，质量上乘。婺源茗眉是绿茶中的上品茶种，外形弯曲似眉，叶翠绿紧结，银毫披露，味道鲜爽甘醇。

皖菜

合肥、安庆、巢湖

皖 历史

安徽位于长江中下游，长江、淮河横贯境内，全省分为淮北、江淮、江南三大自然区域。早在先秦时期，安徽菜已开始萌芽；其后，经历了秦汉至南北朝的积累期、唐宋明清的形成时期，以及鸦片战争至新中国成立前的成熟时期，安徽菜的发展到了一个新的高峰。

安徽物产丰盛，皖南山区和大别山区，盛产茶叶、竹笋、枇杷和石鸡、桃花鳜等山珍野味；沿江、沿淮和巢湖一带，是中国淡水鱼重要的产区之一，为安徽菜提供了丰富的水产资源，其中名贵的长江鲥鱼、淮河肥王鱼、巢湖银鱼等，都是久负盛名的席上珍品。辽阔的淮北平原，肥沃的江淮地区都是盛产米粮、食油、蔬果、禽畜的鱼米之乡，所有这些天赐的绿色食材，都成为安徽菜取之不尽的物产资源。

主要分布区域

合肥市、芜湖市、蚌埠市、
淮南市、安庆市、阜阳市、
宿州市、亳州市

138

📎 饮食文化

　　安徽菜也称皖菜，很多人把它与徽菜混为一谈，其实两者并不相同。徽菜是徽州菜的简称，它发源于古徽州(歙县、黟县、休宁、绩溪、祁门及婺源)一带。安徽菜既包括皖南地区的徽州菜，也包含古徽州以外，沿江及沿淮一带的地方风味。总括而言，安

徽菜是由皖南、沿江与沿淮三个地区的菜系所构成。皖南风味以徽菜为主，读者可参看本书有关徽菜的章节。沿江风味盛行于芜湖、安庆及巢湖地区，此地区多江河湖泊，以烹调河鲜见长，并擅以红烧、烟熏等方法烹调，菜式有酥嫩、鲜醇、清爽的特色，代表菜有毛峰熏鲥

鱼、火烘鱼、蟹黄虾盅等。沿淮风味泛指蚌埠、阜阳、宿州地区的菜式，主要流行于安徽中北部地区，名菜如符离集烧鸡、香炸琵琶虾等，都是以烧、炸为主要烹调方法的席上珍品。至于省会合肥，因为是政治、经济和文化的中心，各地不同风味的美食交汇于此，继而

形成了菜式品种繁多，口味多元化的特点。

佳肴美食之外，安徽出产的茶叶在全国各地十分畅销，中国十大名茶中，产自安徽的有三种。自唐代开始的寿州黄芽、六安茶、天柱茶、庐州茶，到现在闻名中外的黄山毛峰、祁门红茶、太平猴魁，全都是有口皆碑的名茶。

合肥美食

合肥的佳肴和小吃，在安徽烹饪技艺中占有相当重要的地位。以口味而言，它不像北方菜那样带有「冲劲」，也不像南方菜偏甜，合肥菜大多甜咸适中，讲究鲜香。

◖ 逍遥鸡

特色 又叫曹操鸡，取合肥地产仔鸡制作，配以天麻、杜仲及冬笋等十八种名贵药材香料，以及曹操家乡名酒古井贡酒卤煮而成，其风味特别，营养滋补价值极高。成菜入口鲜美，食后余香长久。

逍遥鸡的故事

在历史上有名的赤壁大战前夜，曹操亲率大军行经庐州（即今天的合肥），突然卧病不起，只得在大将张辽挥师激战东吴大军的战场逍遥津暂作休息。一天曹操在操练演习时，忽然有一庐州人献上秘方，随军大厨师根据秘方捉来一只一斤半大小的当地仔鸡，配中药和好酒卤后献给曹操。曹操已多日不沾水米，强力支撑进食，一吃之下但觉美味无与伦比，食欲大增，一口气吃下大半只鸡，厨师连做三只曹操都吃个精光，身体立即恢复。此后他行旅所到之处，必定要厨师预备此菜，还不住地向人夸赞说："真是美味逍遥鸡也！"

◖ 包公鱼

特色 原名红稣包河鲫鱼。包河即合肥包公祠一带的护城河，该河所产的鲫鱼头部、背部和两边有黑纹，有如包公一张黑脸，于是人们便称其包公鱼。包公鱼是传统冷菜的原料，有说是通过考证和复原包府家菜时整理出来的。包河中的莲藕与众不同，断而无丝，被视为包公"铁面无私"的象征，此菜制作时取包河小鲫鱼、包河莲藕、葱、姜、酱油、冰糖等调料，用荷叶封口扎紧，下锅用小火焖约5小时，然后将鱼取出，待其冷却后，扣入大盘中，淋上芝麻油即成。上菜时鱼肉丰腴鲜嫩，荷香阵阵。

★宁国路龙虾美食街

合肥人爱龙虾有目共睹，夏季大街小巷都堆满红彤彤的龙虾，其中宁国路一条街可谓龙虾爱好者的天堂，大大小小的龙虾馆、龙虾城充斥街道两旁。除了龙虾，如淮南的牛肉汤、牛肉粉，姚记牛肉，庐州烤鸭店等特色的安徽小吃也可以在这儿找到。

◖ 麻辣小龙虾

特色 合肥人喜欢吃龙虾，特别是在炎炎盛夏，马路边的龙虾城、大排档人潮如织，处处可以看到小龙虾辣火朝天的身影，一边吃虾一边喝啤酒，是当地人消暑度夏的方式。龙虾的口味繁多，有椒盐、干煸、红烧等十多种，当地人最爱吃麻辣小龙虾，而合肥龙虾节，更是本地的重大的节庆活动，活动期间将会举行连场虾会、盛宴，十分热闹。

李鸿章杂烩

相传李鸿章奉旨访问欧美时，一路上吃了两个多月的西餐，胃口都吃倒，他一到美国就叫使馆的厨师以家乡徽宴宴请美国宾客。席上因菜肴可口美味，连吃几个小时洋人还不肯下席，李鸿章命厨师加菜，但正菜已上完，厨师只好将所剩的海鲜等余料混合下锅，烧好上桌。外宾品尝后居然赞不绝口并询问菜名，李鸿章用合肥话答道："杂碎"（即杂烩谐音）。后来此菜便被命名为李鸿章杂烩。其主要材料包括：鸡肉、海参、鱼肉、火腿、鱼肚、鱿鱼、腐竹、干贝、冬菇、玉兰片等。

金寨吊锅

源自山区农家吊罐，由屋梁上吊下木钩，再挂一铁罐，下面是火塘，主要是为了冬天烤火用，吃饭时将几样烧熟的菜分别倒进锅内，一般会有野鸡、野兔、野猪等野味、腊肉、还来自山上的蔬菜、山珍野菇。吊锅的吃法与火锅相似，但特殊的加热方式和食用器皿却不同。现在合肥的金寨吊锅店，食材从以前单一的腊肉主料，演变为羊、牛、海鲜鱼类等，口味多样化。

美景推介 ▲ **六安天堂寨** 天堂寨，位于大别山主峰湖北省罗田县与安徽省金寨县交界的地区，南麓为湖北天堂寨风景区，北麓为安徽天堂寨风景区。境内千米以上的高峰25座，最高峰白马尖位于安徽省六安市霍山县境内，海拔1777米，为大别山主峰之一。天堂寨森林覆盖率达98%，是花的海洋和动植物的天堂，境内有丰富的水源，其中飞瀑龙潭是主要景观。区内有终年不断、高度为80米以上的瀑布共有18条；九影瀑、泻玉瀑、四叠瀑在万绿丛中脱颖而出，急流形成巨大的水帘，飞泻直下，溅玉飞珠，仿如人间天堂。

阜阳酱驴肉

特色

阜阳人爱吃驴肉，著名的驴肉菜肴有酱拌驴肉，还有蒜泥驴肉和兰花地龙掌等。此菜酱香扑鼻，咸辣宜人，入口略带甜味。据说阜阳人爱吃驴肉的习俗历史悠久，并与有名的"顺昌大战"有关。阜阳古名顺昌，金国灭北宋后，举兵南下，南宋重兵镇守江淮，名将刘锜领军驻守顺昌，军民同心御敌。因战事频繁，加之天气炎热，刘将军不支病倒了，顺昌军民焦急万分。这时有一老人献计，说吃驴肉可驱暑气，增强体力，于是把家中驴子宰杀，焖烧成酥烂的五香驴肉送到军中。刘将军吃了驴肉不久果然

痊愈，军民大喜，家家杀驴，煮驴肉慰劳宋军。过去阜阳城镇驴肉销售处比比皆是，如今农民视驴子为劳动中的好帮手，不忍宰杀，故驴肉已不多见，至于黑驴肉就更难吃到了。

符离集烧鸡

特色

原名红鸡，起源有几种说，有说此菜最初只是在煮熟的鸡只上抹上一层红曲，所以在过去不叫烧鸡而叫红鸡。其后一位移居符离镇的厨师，在河南道口烧鸡的基础上加以改良，逐渐形成现在的符离集烧鸡。烹调此菜时，需要用上八角、沙姜片、小茴香、砂仁、白芷、肉蔻、丁香、陈皮等，与道口烧鸡不同之处，主要在于所用的香料。符离集烧鸡以管、魏、韩三家的制品最为出名。

美景推介

▼ 马鞍山采石矶 为长江中游南岸的一个港口，又名牛渚矶，与岳阳城陵矶、南京燕子矶合称长江三矶，以山势险峻，风光绮丽，古迹众多而列三矶之首。采石矶突兀江中，绝壁临空，扼大江要冲，水流湍急，地势险要，自古为兵家必争之地。白居易、王安石、苏东坡等诗人墨客，曾到此题诗咏唱，相传唐代诗仙李白就是在这里饮酒赋诗，最后因酒醉赴水中捉月而淹死。

沿淮风味菜

沿淮风味以蚌埠、宿州、阜阳为代表，主要流行于安徽省中北部，菜式特点为质朴、酥脆、咸鲜、爽口。在烹调上擅于烧、炸、熘技法，并喜用芫荽、辣椒配色佐味。名菜有香炸琵琶虾、朱洪武豆腐、红扒羊蹄等。

◤ 红扒羊蹄

羊蹄筋又称羊筋，是羊小腿部位的韧带，经过剔取、拉直、风干后，扎成小把可长期保存，久藏不坏。因羊筋中含在丰富的胶原蛋白质，可强筋壮骨，延缓皮肤衰老，常被视为养生食材。此菜的特点是色泽银红，筋香质烂，略带韧劲，刚入口时味道咸鲜，其后甘甜。

◤ 朱洪武豆腐

又叫凤阳酿豆腐，是沿淮地区的宫廷菜，主料有豆腐、猪肉及鸡蛋。豆腐切成片后，中间挖一小孔，放入肉馅，然后裹上鸡蛋糊下油锅炸至金黄色，再用白糖以小火烧开，加入醋勾芡即成。成菜具有色泽奶黄，外脆内嫩，酸甜可口的特色。

◤ 香炸琵琶虾

由凤尾虾、鸡胸肉、猪肉、熟笋丝、冬菇丝等配以各种佐料制成。其制法是先把虾馅蒸熟定型，再滚上酥糊，蘸上芝麻炸至金黄色，菜品形似琵琶，虾尾弯曲如琴轴，外层酥脆，虾馅入口鲜滑，食时可以花椒盐，甜面酱佐食。

朱洪武豆腐之名

据凤阳传说，明太祖朱元璋少时因家境贫困靠乞讨度日，一天他在凤阳城内讨了一块酿豆腐，吃后感到颇有滋味，便经常到饭店去讨食。他做了皇帝后，时常想起家乡风味，便从凤阳将厨师召进皇宫为他专做此菜。厨师按照凤阳的传统做了这种酿豆腐，深得朱元璋喜爱，皇宫宴席上也离不开这道菜，由于洪武是明朝的第一个年号，也是朱元璋在位期间唯一的年号，朱元璋又尊称作洪武君或朱洪武，此菜因而称作朱洪武豆腐，并流传至今。

美景推介 ▶ **九华山** 佛教四大名山之一，古称陵阳山、九子山，因有九峰形似莲花，因此而得名。主峰十王峰海拔1342米，山体由花岗石组成，西北隔长江与天柱山相望，东南越太平湖与黄山同辉，是安徽两山一湖黄金旅游区的北部主入口。九华山主要风景集中在100平方公里的范围内，有九子泉声、五溪山色、莲峰云海、平冈积雪、天台晓日、凤凰古松等。山间古刹林立，古木参天，素有"莲花佛国"之称。现存寺庙78座，佛像六千多尊。著名寺庙有甘露寺、化城寺、祇园寺、旃檀林、百岁宫等，收藏文物达千余件。山中还有金钱树、叮当鸟、娃娃鱼等珍稀动植物。

沿江菜

蟹黄虾盅

美食推介

以巢湖特产的白米虾制成。白米虾有鲜嫩、色白，熟后不红的特点。每到金秋吃蟹赏菊的时节，巢湖一带的厨师用白米虾和大闸蟹制作蟹黄虾盅，成为赏菊宴会中的必备佳肴，洁白晶莹的盅形虾肉上，衬托着黑色蟹腿和橘色蟹黄，色美质嫩，蟹黄香浓，可谓鲜中之珍，以姜末、香醋佐食，鲜味更鲜。

火烘鱼

特色

安徽沿江一带，擅长烟熏技术，火烘是当地对烟熏法的又一称呼。此菜选用大青鱼切块，经过腌、熏、卤、焖等工序而成。鱼肉带有烟熏香味，食时再以醋作为佐料。青鱼肉厚且嫩，除了含丰富的蛋白质、脂肪，还有补气、健脾、养胃、化湿的功效。

毛峰熏鲥鱼

特色

鲥鱼味鲜肉细，营养价值极高。此菜的特点是用上安徽名茶毛峰，以烟熏的技法烹调鲥鱼。菜式茶香四溢，鱼肉带有淡淡的毛峰清香。制作时先用盐、姜等把鲥鱼腌渍，然后在锅中先放锅巴，再撒上毛峰茶叶，上面放铁丝箅子，把腌过的鱼鱼鳞向上放在箅子上，盖上锅盖，以旺火烧至冒浓烟时，先以小火熏，再用旺火熏，后取出切成长条状，在鱼身上淋上麻油即成。

盛行于芜湖、安庆及巢湖地区，此地区多江河湖泊，以烹调河鲜见长，善于用糖调味和红烧、清蒸、烟熏等烹调技艺，其中又以烟熏技法最为出色。其菜肴具有酥嫩、鲜醇、浓香的特色。代表菜有无为熏鸭、毛峰熏鲥鱼、火烘鱼、蟹黄虾盅等。

▶巢湖忠庙

美景推介

又名圣姥庙，古时因处巢州、庐州中间，又称"中庙"，坐落在五大淡水湖——巢湖北岸延伸湖面百米的巨石矶上。石矶呈朱砂色，突入湖中，形似飞凤，通称凤凰台。古庙坐北朝南，始建于东吴赤乌二年（239年），历代屡废屡修，后唐龙纪元年（889年）重修，南唐保大二年（944年）再修，光绪十五年（1889年）李鸿章又倡募重修。庙分前、中、后三殿，共有70余间庙宇，后殿藏经阁3层，庙门上有"巢湖中庙"书刻，历代香火旺盛，现供奉着关羽、观音等。

无为熏鸭

沿江菜中最具代表性的菜品之一，又名无为板鸭，已有两百多年的历史。据《无为县志》记载："民俗婚筵多用鹅，后改为鸭。"至今当地还流传着这样的风俗。无为熏鸭名贯古今，当地出产的鸭特别好，原因是无为县地处长江沿岸，是半丘陵半低洼的地势，鸭在野外放养，多食小鱼、小虾等活食，收稻后，鸭于水稻田里觅食，成长快、体壮、肉嫩、脂厚，成菜后泽金黄油亮，皮酥肉嫩，并带有烟熏之香。

蒌蒿炒腊肉

沿江菜以烹饪中的烟熏技术别具一格，蒌蒿炒腊肉算是烟熏菜中的代表，独特的烟熏风味在腊肉中尽得体现。此菜的主料有蒌蒿芽、烟熏腊肉。做法是将洗净的蒌蒿切段，放入沸水中煮数分钟，捞出沥干，再将切片的腊肉放入锅中翻炒，最后放入蒌蒿，加上料酒、调料即成。

无为熏鸭的由来

相传无为熏鸭的出现跟朱元璋有关。朱元璋自小家贫，于是便给人家放牛，常因东家不给他吃饱肚子，所以和一群放牛童聚在一起抓野鸭子，在野外割些茅草，架起火来熏烤填肚。有时鸭子烤不熟，为了不让其他人发现，他们便将其埋在灰烬，等第二天扒出来，鸭肉又香又软。后来熏鸭的做法在民间流传开来，并由无为县卖牛肉的回民马常有发扬光大。他研究出用木屑熏鸭的制作工艺，既解决了牛肉店长期缺乏牛肉货源的问题，无为熏鸭亦成了风靡安徽的风味菜肴。

▶齐云山　与江西龙虎山、湖北武当山、四川鹤鸣山并称中国四大道教圣地，是著名的道教名山。供奉着真武大帝，唐代元和年间，道教传入齐云山，明代嘉靖和万历年间，江西龙虎山嗣天师正一派张真人祖师三代奉旨驻留齐云山，建醮祈祷、完善道规、修建道院，齐云山渐渐成为江南道教活动中心。景区内分月华街、云岩湖、楼上楼三个景区，有奇峰36座，飞泉27条，碑铭石刻537处，庵堂祠庙33处。

安徽名茶

安徽是中国茶叶的重要原产地之一，自古名茶迭出，唐代已有寿州黄芽、六安茶、天桂茶、庐州茶、九华山茶、歙州方茶等生产。现时中国十大名茶之中，出自安徽的占其中三种，它们分别是产自黄山高峰的毛峰、于大别山区生长的六安瓜片，以及有「群芳最」美誉的祁门红茶。

黄山毛峰

产于黄山境内，分布在桃花峰、云谷寺、松谷庵、吊桥庵、慈光阁、半山寺以及汤口、岗村等地。黄山毛峰属绿茶类，外形微卷，貌似雀舌，全身有白色细绒毫，叶芽肥壮，均匀整齐，并有金黄色鱼叶（俗称黄金片或叶笋）。黄山毛峰分特级和一、二、三级，特级毛峰在清明前后采制，采摘一芽一叶初展，其他级别则采一芽一、二叶或一芽二、三叶。冲泡水温在85℃左右为宜，一般可续水冲泡2至3次，汤色清澈明亮，带杏黄色，气清如兰，回味甘甜。

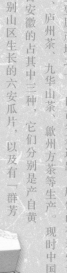

祁门红茶

是红茶中的极品，简称祁红，产于安徽祁门、东至、贵池、石台、黟县。茶叶紧细秀长，汤色红艳明亮，特点是香气酷似果香，又带兰花香，清鲜持久。祁红始制于清代光绪年间，为功夫红茶的珍品，既可单独冲泡饮用，也可加入牛奶和糖调饮，有养胃、消脂、暖身的功效，适合作为下午茶和睡前茶，它在英国备受宠爱，因其独特的"祁门香"，因而有"群芳最"、"王子茶"、"红茶皇后"的美称。

六安瓜片

简称瓜片、片茶，产自六安，单片平展，形似瓜子，唐朝时称为庐州六安茶，明代开始才叫六安瓜片，属绿茶特种茶类，清朝时被列为朝廷贡品，名著《红楼梦》中曾有80多处提及此茶。与其他名茶不同，六安瓜片采摘时间必须在谷雨前后十天，鲜叶必须长到开面时才采摘，以保证茶品和茶味。茶农早上采，下午板片、去梗、去芽，茶以"片"取胜，是中国绿茶中，唯一不采梗不采芽只采叶的片茶。因春茶的叶比较嫩，泡冲的水温约在80℃，茶不以入口取胜，而是回味夺魁。

太平猴魁

产于黄山北麓新明、龙门、三口一带，属绿茶类的尖茶，特点是每朵茶皆为两叶抱一芽，外形平扁挺直，不翘不曲，全身披白毫，叶面色泽苍绿匀润，叶背浅绿，叶脉绿中藏红，俗称为红丝线。猴魁比一般名茶耐泡，三四泡后，幽香犹存，茶汤色泽看似清淡，但茶味非常醇厚，鲜爽度高，并有爽口、润喉、明目、提神的功效。

屯溪绿茶

属炒青类茶，主要产地有休宁、歙县、施德、绩溪、宁国等地。因历史上此茶在屯溪加工，转运和输出，故又以地方命名，简称"屯绿"，又叫"长炒青"。屯绿茶条索紧密，匀正壮实，色泽绿润，冲泡后汤色绿明，香气清高，滋味浓厚醇和，品种有珍眉、贡熙、特针、雨茶、秀眉、绿片等6个花色18个不同级别，此外还可窨制茉莉、珠兰、玉兰、桂花、玫瑰等花茶。

豫菜

郑州、开封、洛阳

安阳、信阳

豫 历史

　　河南，位于黄河故道中下游以南地区，故名河南，由于地理位置重要，历来为兵家必争之地，是中国传统地理概念中"中原"的主体，又有"中州"、"豫州"、"中土"、"中夏"、"华夏"、"中华"之称。由于历史上黄河历经多次大规模改道，今河南省北部地区并非位于现黄河以南，仍这并无影响其有中国历史上的地位。中国烹饪技术的发展，和历代国都紧密地连在一起，中国七大古都，河南省有三个，五朝古都安阳，是最古老的都城，公元前1300多年，商王盘庚在此建都，称殷；洛阳是九朝古都，八朝陪都；开封是七朝古都；郑州是五朝古都。由仰韶的彩陶、殷商的大鼎、洛阳周代宫廷的食制、开封夜市的繁华，既书写了中原烹饪的文明，同时是中国烹饪文化形成与发展的主要历史过程。东周建都洛阳后，膳食制度进一步建立，设有膳夫、庖人、腊人食医、酒正职等官，经过历代厨师的继

主要分布区域

承和发展，内容更丰富，因而豫菜被视为中国各大菜系的渊源，同时被称为中国八大菜系的"母菜"。

郑州市、开封市、安阳市、许昌市、洛阳市、信阳市、南阳市、焦作市、三门峡市、周口市、驻马店市、濮阳市

安阳市
鹤壁市
濮阳市
新乡市
济源市
焦作市
郑州市
开封市
三门峡市
洛阳市
许昌市
商丘市
平顶山市
漯河市
周口市
南阳市
驻马店市
信阳市

饮食文化

数千年来，河南名菜可谓是满天星斗，由于河南地处中原地区，因而形成了豫菜口味居中，和众家之长，兼具南北风味的特色，其饮食文化，正正是"中"与"和"的思想体现。从有"烹饪鼻祖"和"中华厨祖"之称的伊尹（开封杞县人）在3600年前创下"五味调和说"与"火候论"至今，豫菜以中州地利，得四

季天时，调和鼎鼐，包容五味，以数十种技法炮制数千种菜肴，影响遍及神州。从商、周宫廷的三羹、五齑、周八珍，隋、唐洛阳东西两市的大宴、素席、北宋汴京宫廷市肆的美食佳肴，均是有美皆备，无丽不臻。

豫菜包罗万象，宫廷菜、官府菜、市肆菜、民间菜、寺庵菜各有所长。宫廷菜是豫菜

的精华，由于郑州、安阳、洛阳、开封曾为历朝古都，宫廷菜的发展已有悠久的历史，其料源广泛、洗料严格，技艺奇绝精湛，并讲究食疗，既考心思又考功夫，并因菜式源自于宫廷，一些大菜菜名起得大多比较华丽优美，如洛阳水席。

官府菜要求典雅，刻意创新斗奇，如套四禽、紫酥肉等，皆是席上珍品。至于民间菜，可以说是豫菜的基础和泉源。当代豫菜，是在原宫廷菜、官府菜、市肆菜和民间菜的基础上，根据不同地域的物质和条件，加上烹饪技艺的积累和演变发展起来的。因受地域影响，北部随北方主食多为面食，南部则随南方多为米饭，中扒（扒菜）、西水（水席）、南锅（锅鸡）、北面；百花齐放。

郑州美食

作为河南省首府，郑州美食自然以豫菜为主，其中给人印象最深的必定是面食。郑州号称"烩面之城"，烩面馆遍布全市的横街窄巷，游客来到郑州，首先想到的便是尝一尝地道的羊肉烩面。本地人款待亲朋，亦会奉上一碗喷香的烩面。与此同时，郑州是河南风味小吃的荟萃之地，小吃种类繁多，如胡辣汤、浆面条、油馍头等，都是十分受欢迎的风味小吃。

合记烩面

美食推介 🥢 合记羊肉烩面

羊肉烩面是郑州有口皆碑的美点，郑州更因此被称为"烩面城"。羊肉烩面集荤、素、汤、菜、面于一碗，味道鲜美无比。已有接近四十年历史的"合记"，是郑州羊肉烩面老字号。他们采用传统烹调，选用上好鲜羊肉，以原汁肉汤下面，配以黄花菜、木耳和水粉条等，上桌时伴有香菜、辣椒油、糖蒜等小碟，滋味令人难忘。

📍 **地址：** 河南省郑州市人民路中段3号
📞 **电话：** (0371)6622 8026

🥢 浆面条

也叫酸面条，其味道和口感做得是否出色，关键在于打浆。做浆时，先把绿豆或豌豆用水浸泡，膨胀后放在石磨上磨成粗浆，用纱布过滤去渣，然后放在盆中或罐里，一两天后浆水发酵变酸，即成粉浆。

以前面条里的配菜是黄豆、芹菜、咸菜丝三样，现在基本上都有十几种时令小菜，像酸白菜丁、黄瓜丁、芹菜丁、胡萝卜丁、白萝卜丁、小尖椒、榨菜丝、雪菜丁、黄豆等。

萧记三鲜烩面

特色 相比合记，萧记创店的历史较短，但因其创办人萧鸿河勇于创新，为食客带来新的口味，因此生意亦十分火红。他原是郑州国营长春饭店烹制伊府面的师傅，退休后带领两个儿子开烩面馆。他没有沿袭羊肉烩面的传统风格烹调，而是从伊府面中找灵感，将味道鲜美、营养价昂的海参、鱿鱼加入羊肉烩面中，称之为三鲜烩面，结果大受食客欢迎，现在已是郑州非常有名气的烩面店。

🏠 地址：河南省郑州市郊汴路货栈北街27号

📞 电话：(0371) 6634 0208

景祥烩面

特色 景祥烩面是郑州三大烩面之一，与合记羊肉烩面和萧记三鲜烩面构成了三国鼎立的局面。景祥烩面的特点是面汤里加入了当归、枸杞等中药，汤中有一股药材的清香，还具有滋补功效，十分好喝。景祥的面分量很足，而且很有劲道，除了烩面，凉拌菜和羊肉串也非常受欢迎。

🏠 地址：河南省郑州市金水区政六街3号附16号

📞 电话：(0371) 6593 7088 / 6596 6558

▶ 河南博物院 中国三大国家级现代化博物馆之一，与陕西历史博物馆、上海博物馆齐名。博物院占地面积10余万平方米，建筑面积7.8万平方米，主体建筑以嵩山的元代观星台为构想，外形宛如一戴冠的金字塔。内设陈列馆、专题陈列馆和临时展览馆。目前馆藏文物达13万多件，其中一、二级文物5000余件，以史前文物、商周青铜器、历代陶瓷器、玉器最具特色。其中具8700多年历史的"中华第一笛"——骨笛、"镇馆之宝"春秋时期的王室用品——莲鹤方壶，汉梁孝王墓出土的金缕玉衣等，都是价值连城的珍品。

🏠 地址：河南省郑州市农业路8号　　📞 电话：(0371) 6351 1183 / 6351 1016

◀ 石窟寺 原名希玄寺，始建于6世纪北魏宣武帝景明年间，有"溪雾岸之幽栖胜地"的美称。东西魏、北齐、隋、唐及北宋，相继在此凿窟造像。石窟寺共有五窟，第一窟开凿的规模最大，窟中雕像堪称艺术精品，是外来宗教与本土文化融合的产物，大部分取材于《妙法莲花经》。寺内现存大雄宝殿和10间东西庑殿、5座洞窟、1座千佛龛、3尊摩崖大佛、255个摩崖造像、7743尊佛像及数十篇题记，保存较完整的是礼佛图、飞天、神兽、佛教故事等北魏浮雕造像。其中最精美的是第一窟的"帝后礼佛图"。

🏠 地址：河南省巩义市南河渡镇寺湾村大力山下

老蔡记蒸饺

老蔡记蒸饺和馄饨是郑州有名的风味品种，近80年来久卖不衰。其创始人是河南长垣县蔡士俊，其子蔡永泉继承父业，并于1949年迁至德化街继续经营。蔡记蒸饺制作讲究，制成的饺子形似弯月，具有皮薄馅饱、色泽光亮的特色。90年代以后，老蔡记蒸饺更推出了虾仁、姜汁、芹香和木须等新口味，形成了独具一格的"蔡记蒸饺宴"，并赢得"出门百步外，余香留口中"的美誉。

🏠 **地址：** 郑州市德化街45号

📞 **电话：** (0371) 6179 7672

胡辣汤

又名糊辣汤，是一种汤类的传统小吃，入口黏稠如粥，味道酸辣，河南各地均有，又以消遥镇的胡辣汤最具代表性。郑州的街头巷尾，很多卖胡辣汤的摊子，不同店家所用的配料各异，但汤品风格一致，油饼、包子、油条加上酸辣的胡辣汤，就是河南人一道美味的早餐。当地人还会把清热下火的豆腐脑和胡辣汤掺在一起喝，谓之"豆腐脑胡辣汤两掺"，简称"两掺"。

胡辣汤的由来？

传说明朝嘉靖年间，严阁老从一道士手中求得一副益寿延年的制汤秘方献于朝廷。由御厨按此方制汤，皇帝服用后精神焕发，龙颜大悦，遂赐名此汤为"御汤"。明朝覆灭，御厨赵杞携此方逃至逍遥镇，因受恩于胡公，便将此方传授于胡氏，成为胡氏代代相传之秘宝，慢慢就被当地老百姓传称为"胡辣汤"。

🏅 **美景推介** ◀ **康百万庄园** 庄园面临洛水，北靠黄河，南边是黑石关天险。其建筑综合了宫廷、庙宇、民房、园林等艺术特点，为典型的封建堡垒式建筑群，建于1790年～1820年间，总面积达64300平方米。那时候，康家已经富甲一方，庄园具有中世纪风格的城堡，内分为储藏室、工作间、祖宗灵堂、饲养牲口区等，共有建筑群9个，生活区310个，院子31处，窑洞73个。

🏠 **地址：** 河南省巩义市康店镇

⊏ 葛记焖饼

用饼和特制的坛子肉、青菜焖制而成。其创始人葛明惠是清朝满族镶黄旗人，曾在北京珂王府做事，经常用坛子肉为王爷焖饼，此饼饼软肉香，清汤爽口，深受王爷赞赏。民国初年，葛明惠携两子到河南谋生，想起被王爷称赞的坛子肉焖饼，于是在郑州火车站附近开了"坛子肉焖饼馆"。葛明惠去世后，其子葛去祥继续经营，并发扬父亲的烹调技术，使烹制的坛子肉一开坛便香气四溢，葛记焖饼成为闻名远近的风味小吃。

- 🏠 地址：河南省郑州市中原区伏牛路(近建设路)
- ☎ 电话：(0371) 6786 9797

⊏ 油馍头

用面糊炸制而成的小吃，又叫面饦、老鸹头，口感和味道与油条十分相似，河南人喜欢把它当早餐吃，也可以配胡辣汤或者两掺一起吃。制作时，用棍子从面糊里挑出一条来，放到油锅里后，把它截成几段，把两面也炸至金黄色，即可出锅。

▶ **北宋皇陵** 郑州中部地区最大的皇帝陵墓群。陵区南北长约15公里，东西宽约10公里。北宋九帝中，除徽、钦二帝外，均葬于此，统称"七帝八陵"。另有附葬皇后陵21座，宗室及王公大臣如包公、寇准等墓300余座，形成庞大的陵墓群。陵墓的建造均坐北向南，自南向北由鹊台、乳台、神道及两侧的仪仗石刻、陵丘和地宫组成。神道两侧排列的石刻，各陵大体相同。北宋末年金兵南侵，建筑被毁，陵墓被盗，现仅存陵园残块和石刻340多件。

🏠 地址：河南省巩义市孝义镇嵩山北麓伊洛河南岸丘岭

◀ **黄河风景名胜区** 占地17平方公里，共分为4大景区：五龙峰、岳山寺、骆驼岭和汉霸二王城，景区内分布了"炎黄二帝"、"哺育"、"大禹"、"战马嘶鸣"、"黄河儿女"等塑像，还有黄河碑林，《西游记》等景点，以及低空索道、环山滑道、黄河气垫船等游乐设施。由于黄河在风景区北面冲出最后一个峡口进入平原，形成悬河，所以在这里观赏黄河别有情趣。

🏠 地址：河南省郑州市西北30公里

嵩山美食特产

嵩山的寺庙宫观多不胜数，列入《世界遗产名录》的登封「天地之中」历史建筑群和少林寺的武艺闻名海外。僧人习武养生、信徒受持斋戒，素菜和寺庵菜形成嵩山美食一个重要的组成部分。行人驿客来到此地，膳食同样离不开素斋素食。

少林寺素饼

特色 源于少林寺祖传膳食秘方，用料和配方均十分讲究，以蔗糖、小麦粉、素酥油而制，辅以的花生仁、核桃、黑芝麻、枸杞、桂圆等，口感香酥浓郁。中式糕点以长江为界，分为南点和北点，少林寺素饼原料选自少林寺僧人的食材，是典型的中式北点素食。

少林绿茶

特色 采用大别山脉丘陵及中低山区的优质雨前炒青制成，茶叶含丰富的营养成分，所采收制作的绿茶色泽绿润，香气浓郁，汤色翠绿，入口十分浓醇爽口，还具有耐冲久泡的特点。

芝麻焦盖烧饼

特色 相传说是登封人为纪念岳飞抗金却被秦桧害死而创制的一种特色食品，起初形状类似老鳖，上有秦桧、王氏两个面人，后来演变现在圆形的烧饼。烧饼的特色是色泽金黄、味鲜、香脆。

▼ 少林寺 始建于北魏太和十九年，坐落在少室山北，名字源于达摩所创的少林拳。达摩向称中国佛教禅宗的初祖，少林寺为禅宗的祖庭。唐朝初年，在李世民讨伐王世充的征战中，少林寺惠场、昙宗、志坚等13名"棍僧"立下了汗马功劳；宋代，少林武术又有很大提高，寺僧多达2000余人；在明朝，少林寺到达鼎盛时期，曾经拥有7进院落，规模庞大。现存的少林寺占地3万平方米，主要建筑有山门、千佛殿、方丈室、达摩亭等，周边有唐代法如塔、同光塔、五代时的法华塔，全都具有极高的历史和艺术价值。

龙须糕

历史悠久的小吃，色泽美观，入口味道甜咸，主料是米、面粉、糖、油。佐料有姜、虾、盐、肉、蛋松等。糕点表面呈须状，故有此名。

少林芥片

又叫嵩山芥菜、嵩山芥丝。选自中岳少室山特定气候下生长的优质芥菜，以传统工艺，独特的炒制方法加工而成。芥片余香扑鼻，味美可口，吃时可根据口味加少量小磨油、醋和辣椒油拌匀食用。

石花茶

选用嵩山麦饭石为原料、并配以野菊花、野薄荷、山竹叶、土枸杞等十余种天然植物和矿物，依照佛、儒、道家传统饮茶配方，用现代技术精制而成。具有清热明目、生津润喉、降脂降压、清除燥热等功效。石花茶口感清爽，回味醇香，冲泡时杯中呈现鲜花状，四季饮用皆宜。

会善寺素斋

会善寺是位于嵩山脚下的千年古刹，为登封"天地之中"历史建筑群八处十一项中的一处。这里手艺高超的素斋厨师，将中原美食文化与素食结合起来，所做斋菜，色、香、味都有豫菜的风味与特色。所谓素菜荤做，肘子、五花肉、红烧肉、熊掌、海参等造型惟妙惟肖，在口味上也能以假乱真。

素鲍鱼

素红烧熊掌

美家推介 ▲ **嵩阳书院** 始建于公元484年，是宋代四大书院之一。历史上曾为佛教、道教场所，后来为儒家独占。五代后周至宋时，儒教洛派理学大师程颢、程颐在书院聚生徒数百人讲学。书院西面有两株高大无比的古柏，分别名为"大将军"和"二将军"，后者树龄在4000年以上，是中国现存最古老的柏树。院内主要文物有西汉的"将军柏"和唐朝的"大唐碑"。

🏠 地址：河南省登封县城北3公里嵩山南麓

开封美食

开封是豫菜的发祥地，其饮食文化源远流长，并以独特的汴京风味，跃居豫菜中的代表。开封诸多特色菜肴都令各地的美食家趋之若鹜，名菜如鲤鱼焙面、桶子鸡、套四宝、扒广肚，全部均是席上珍品。著名餐饮老字号有开封第一楼、又一新、马豫兴等。而甚有名气的鼓楼夜市，每当夜幕低垂，炉火熊熊的小吃摊一档挨着一档，密密麻麻布满大街两旁，是品尝当地特色风味小吃的最佳去处。

美食推介

开封第一楼包子

特色 第一楼包子馆是开封古城最著名的百年风味老店。这里的小笼灌汤包子已有上千年的历史。店内的包子即蒸即卖，原笼上桌，个个包子皮馅分明、色白筋柔，灌汤流油，讲究"提起像灯笼，放下似菊花"。包子的做法特别，制馅时不"拌"而"打"，叫"打馅"。除灌汤小笼包子外，第一楼还研发出什锦包子风味宴，配上数十种开封的宋风名菜，宴席上还能欣赏具地方特色的杂技、魔术和豫剧清唱等表演。

🏠 **地址：** 河南省开封市开封寺后街8号

📞 **电话：** (0378) 5650 780 / 5998 655

美景推介

开封府 开封府为北宋时期天下首府，威名驰誉天下，包龙图扶正祛邪、刚直不阿，美名传于古今。重建的"开封府"，位于开封包公湖东湖北岸，占地60余亩，气势恢宏，巍峨壮观，与位于包公西湖的包公祠相互呼应。开封府依北宋营造法式建造，以正厅、议事厅、梅花堂为中轴线，辅以天庆观、明礼院、潜龙宫、清心楼、牢狱、英武楼等五十余座大小殿堂。游人除了能够看到、听到大批珍贵史料、轶事外，还能够看到"开衙仪式"、"包公断案"等表演活动。

🏠 **地址：** 开封市包公东湖北岸

鲤鱼焙面

由糖醋溜鱼和焙龙须面两道名菜配制而成。焙面也称龙须面，据《如梦录》记载，当时制作龙须面只是用水煮熟，后改用焙制的方法，故称"焙面"。焙面细如发丝，蓬松酥脆，味道甜中透酸，酸中微咸；鲤鱼色泽枣红，软嫩鲜香。这菜利口不腻，是当地宴客必备的美味佳肴。

鲤鱼焙面的历史由来

1900年，清光绪皇帝和慈禧太后为逃避八国联军之难，曾停在开封。开封府衙著名厨备膳，贡奉糖醋溜鱼，光绪和慈禧太后食后连声赞好。光绪称之为"古都一佳肴"。1930年前后，开封名厨用油炸过的龙须面，盖在做好的糖醋溜鱼上面，创作了"糖醋溜鱼带焙面"这一名菜。此菜把鱼和面二合为一，一道菜看有两种食趣，食客既可光吃鱼，又可以面离汁。后来拉面传入开封，人们开始用不零不乱，细如发丝的拉面油炸后和醋熘鱼搭配起来，使其更加锦上添花。今天，鲤鱼焙面是豫菜十大名菜之首，也是百年老店开封又一新饭店的传统菜。

又一新饭庄

以制作正宗豫菜扬名的百年老店。它的前身是"又一村"，建于光绪三十四年(1908年)，不少名人如康有为、梅兰芳、张学良和宋哲元等，都曾是座上客。又一新的传统名菜有醋熘鲤鱼带焙面、八宝布袋鸡、扒燕菜、白扒熊掌和香炸紫肉等，近年还重新推出了莲花馅饼、炉焙鸡和五香糕等一批宋代菜点，深受老饕欢迎。

🏠 地址：河南省开封市鼓楼街22号

📞 电话：(0378) 5956 677

美景推介 ▼ **清明上河园** 宋代画家张择端的名画《清明上河图》家喻户晓。在开封城西北的杨家湖边，便有一座以该画为蓝本，再现原图风物景观的大型宋代民俗风情主题公园。园区内，人们所熟悉的画中城门楼、虹桥、街景、店铺、码头、船舫、柳树、灯架等，一一沿绕的河岸展示着，不时还有三三两两的宋装人物出没。其中最吸引人的，是宋代历史故事表演，文戏有包公巡案、大宋科举、李师师艺会情公子；武戏有包文杨武、燕青打擂等，还有民间绝活和游戏如盘鼓、高跷、斗狗，都有浓浓的古风趣味。

🏠 地址：开封市龙亭西路5路

炸紫酥肉

又叫赛烤鸭，以五花猪肉，经浸煮、压平、片皮处理，用葱、姜、大茴、紫苏叶及调料腌渍入味后蒸熟，再入油炸制而成。

炸肉时，需要用香醋反复涂抹肉皮，直至呈金红色，成菜皮肉酥脆，食时以葱白、甜面酱、荷叶夹或薄饼佐食。

套四宝

集鸭、鸡、鸽、鹌鹑四味于一体，味道香浓独特，堪称豫菜一绝。其造法颇费功夫，必须将四种全禽剔骨后层层相套，不能有一只破损，这样吃时就可以逐层看到通体完整的四种家禽。盛菜用的是青花瓷汤盆，形体完整的全鸭浮于汤中，色泽光亮、不肥不腻，清爽可口，回味绵长。

扒广肚

广肚，也称鱼肚、鱼鳔、花胶等，自古被列为海八珍之一。它最早记载于北魏时的《齐民要术》一书，到了唐宋时期，广肚已列为贡品，宋代许多文献中都有广肚的记载及菜品的介绍。豫菜的扒，在中国各菜系的扒菜中独树一帜，扒广肚更是传统宴席广肚席上的头菜。此菜将质地绵软白亮的广肚片汆杀后铺在竹扒上，用上好的奶汤，以小武火扒制而成，成品柔、嫩、醇、美，汤汁白亮光润，故又名白扒广肚。

▶ **铁塔风景区** 位于开封城东北隅铁塔公园内，建于北宋皇祐元年（公元1049年），塔高55.88米，8角13层。因当年此地为宋开宝寺，又名"开宝寺塔"，又因塔身为褐色琉璃砖砌成，浑似铁铸，自元代起民间俗称其为铁塔。铁塔以卓绝的建筑艺术闻名中外，其建筑采用了中国传统的木式结构，塔砖如同斧开凿，有沟有槽，垒砌严密合缝。塔身饰以飞天、佛像、乐伎等数十种图案。铁塔公园内还建有接引佛殿、喻浩纪念亭、景苑、文物陈列室等。

炸八块

又叫八块鸡，由童子鸡、鸡肫、鸡肝、淀粉等食材烹制而成，已有二百多年的历史。相传清乾隆皇帝巡视河道时，曾路过开封，领略过炸八块的风味，大为喜爱，此菜因而闻名，它同时是鲁迅爱吃的四个豫菜之一。其做法是选用秋末的小公鸡，把公鸡两腿分成四块，鸡膀连脯再分四块，一共是八块，以料酒、酱油、姜汁腌至入味后，炸至金黄色而成。食时佐以椒盐或辣酱油，成菜外脆内嫩，十分爽口。

马豫兴桶子鸡

桶子鸡是开封名吃，说到桶子鸡，不能不提开封的百年老店马豫兴。桶子鸡始于北宋年间，清咸丰三年，烹制桶子鸡的传人马氏后裔在开封古楼东南角设马豫兴鸡鸭店，沿袭至今，因鸡形似圆桶而得名，历经一百多年而久销不衰，现由马豫兴鸡鸭店烹制经营，此菜选用3年以内的优质母鸡，以百年卤汤煨制而成，成菜色泽金黄，肥而不腻，鲜嫩脆香。

🏠 地址：开封市鼓楼街南广场小吃夜市
　　　　（胭脂河路口）

📞 电话：(0378) 5954 233

汴京烤鸭

北京烤鸭名满天下，有说它的根，其实在开封。民间流传着，北京烤鸭名店全聚德，在建国后50年代初期还专程到开封请烤鸭师，现在开封烹饪界中不少年长的厨师还记得此事。虽然传闻未能考究真伪，但开封烤鸭确实已有悠久的历史。早在北宋时期，炙鸡、烤鸭已是汴京市肆中的名肴，这在《东京梦华录》中亦有记载。金兵攻破汴京后，大批工匠艺人和商贾，随康王赵构逃到建康（南京）、临安(杭州)一带，烤鸭于是成为南宋民间和官宦之家的珍馐。汴京烤鸭选用的鸭，一般重两三公斤，是养鸭房里专人饲养"填"出来的，此鸭形大皮薄，宰杀放血后，全身抹过佐料，再涂上一层蜂蜜烤制，烤好的鸭外皮焦黄香脆，肉嫩滑润，鲜美可口。

美景推介　◄ **延庆观**　延庆观位于包公湖东北部，是中国道教史上具有重要地位的宫观。建于元太宗五年（1233年）。为纪念道教中全真教创始人王在此传教并逝世于此而修建。明洪武六年（1373年）改名延庆观。现仅存玉皇阁部分。延庆观的外观为下阁上亭，上圆下方，造型奇特，是一座集蒙古包与阁楼巧妙结合，具有元代风格的建筑。阁内供有真武铜像一尊，亭内为汉白雕玉皇大帝像。近年来，新修建有东西道房、三清殿等。

🏠 地址：开封市观前街53号

鼓楼夜市小吃

开封小吃名扬全国，许多国外游客也慕名而来。漫步开封，随处可闻到小吃的芳香，每到晚上，著名的鼓楼夜市游人如织、食客满座。夜市小吃中有老开封人喜欢的黄焖鱼、胡辣汤，也有年轻人喜爱的杏仁茶、八宝粥、冰糖红梨、花生糕等。统一规格的小吃货车整齐地排列在饮食区内，高吆低唱、悠扬婉转的叫卖声和餐具的碰击声，汇成了一曲动人的交响乐，使广场成为开封不夜城的聚光点。

红薯泥

特色 杞县红薯泥是一道久负盛名的名菜。选用红薯、白糖、山楂、玫瑰、桂花等原料，以香油烹饪而成，入口甜香可口。

冰糖红梨

特色 特点是红梨皮棕肉白，晶莹透亮，香甜清爽，具有止咳润肺的功效。梨号称健胃、润肺的"百果之宗"，其中含有丰富的果糖、葡萄糖、苹果酸等糖类和有机酸，是滋补的佳品。

炒凉粉

特色 炒粉是大众喜爱的风味小吃，以红薯或淀粉打制的凉粉为主料，佐以豆酱、葱、姜、蒜，用香油炒制而成，味道热香鲜嫩。

杏仁茶

特色 杏仁茶是由宫廷传到民间的一种风味小吃。它选用精制杏仁粉为茶料，配以杏仁、花生、芝麻、玫瑰、桂花、葡萄干、枸杞子、樱桃、白糖等十余种佐料，色泽艳丽，香味纯正，是滋补益寿的佳品。

美食推介 ▶ 大相国寺 大相国寺是中国著名的佛教寺院，位于开封市中心，始建自北齐天保年间，原名建国寺，后唐睿宗皇帝为纪念其登上皇位，刻意赐名为大相国寺，北宋时是京城开封的最大寺院和当时全国的佛教活动中心。《水浒传》中鲁智深倒拔垂杨柳的故事，即发生于此。现相国寺内除保存完整的清代多进式寺院建筑外，还有以一棵千年白果树干雕刻成的"千手千眼观音像"。🅰地址：开封市自由路54号

黄焖鱼

黄焖鱼的特点是采用较小的草鱼、鲫鱼，炸制后用卤汁煨焖而成，食时鱼味异常鲜美，其中以"小根儿"师傅的黄焖鱼最有名，可在鼓楼夜市品尝。焖鱼鱼鲜味美，汤料香醇，营养丰富，食后回味无穷。

花生糕

开封盛产花生，开封花生以颗粒大、皮薄、味香而闻名。花生糕由精制花生粉、白糖、饴糖等材料配制而成。成品色泽淡黄，入口蓬松酥脆，糕体呈层叠疏松的片状，口感极为香甜。

江米切糕

江米与白糖、蜜枣、青红丝一同蒸制而成的糕点，上盘时浇上山楂、玫瑰、桂花煮制的蜜汁。其制法简单，味道甜酸，十分开胃。

双麻火烧

开封街头最常见的圆形烤制面食，焦黄的双面上均匀地布满了烤焦的芝麻，有浓郁的五香味，入口皮焦里酥，略嚼即碎。双麻火烧的品种已从过去单一的五香味，演变出椒盐味，海鲜味，水果味，蜂蜜味等，有的还包上了馅，如山楂、香蕉、豆沙、枣泥，十分多样化。

鸡蛋灌饼

把鸡蛋液灌进烙至半熟的饼内，再把饼略为煎烤而成。其制法看似简单，在饼将熟之时，把油饼开口灌入鸡蛋是关键，要求鸡蛋灌得均匀、饱满，这样成品才能外焦里嫩，鲜香利口。

▶ **宋都御街**　是为了再现宋代御街风貌，于1988年建成的一条仿宋商业街。据史记载：北宋东京御街北起皇宫宣德门，经州桥和朱雀门，直达外城南薰门。御街长达十余里，宽二百步，专供皇帝御驾出入，是显示尊严气派的主要街道。新建的御街是在原御街遗址上修建。南起新街口，北至午朝门，全长400多米，南端竖立着一座高大的牌坊，前面各立一尊石雕大象，上骑武士，手持长枪，肃穆威严。

洛阳美食

洛阳的饮食历史悠久，菜式品种繁多，既有出自宫廷、有「金枝玉叶」之称的洛阳燕菜，也有在民间广受欢迎的鲤鱼跃龙门；既有好喝的不翻汤，也有好喝的潘金和烧鸡「洛阳人喜爱喝汤，洛阳饮食的一个显著特点就是汤水多，各式各样的汤成为洛阳街头最平常的风味小吃，如不翻汤、胡辣汤、牛肉汤等。

 洛阳水席

距今已有一千多年历史，是洛阳一带特有的民间传统名宴，因为以汤见长，亦因为吃一道，换一道，一道道上像流水一样，故名"水席"。"水席"中的菜肴口味各异，素菜荤做，咸甜酸辣，有冷有热。水席共有二十四道菜，先上饮酒凉菜八个（四荤四素），接着上热菜十六个，热菜由大小不同的青花大碗盛放。除四个压桌菜外，其他十二个菜，一组内分为三个味道近似的菜，每组各有道大菜领头，并带两个小菜，

叫"带子上朝"作为配菜或调味菜。吃完一道，再上另一道。"水席"中的第一道菜类似燕窝风味叫"燕菜"，是由萝卜丝做成。第四道菜，应上甜菜或甜汤，在上主食时，接连上四个压桌菜（汤菜），"送客场"是最后一道压桌菜，叫酸辣鸡蛋，汤表明菜已全部上完。今人发现唐时袁天罡看出武则天将称帝，因天机不可泄漏，就发明这二十四道菜，预示武氏一生，初名武后宴，宋后改为洛阳宴席，老百姓称官场儿，人们称其为"洛阳水席"。

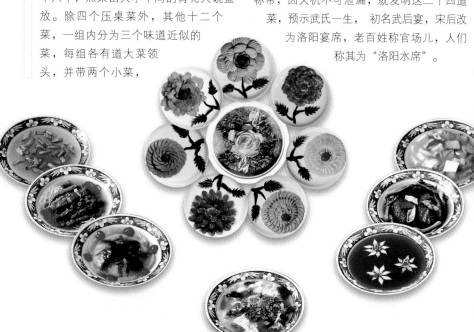

洛阳燕菜

"洛阳燕菜"是洛阳水席的头道菜,原称为"假燕菜"。它是以其他材料假充燕窝而制成的菜肴。据说,这个作假的源头发生在武则天身上。洛阳娇艳华贵的牡丹和燕菜结合起来,就更具有鲜明的特色了。1973年10月,周恩来总理陪同加拿大总理特鲁多来洛阳参观访问,品尝了一道清香别致的"洛阳燕菜",赢得贵宾们的拍手叫绝,只见一朵洁白如玉、色泽夺目的牡丹花,浮于汤面之上,菜香花鲜,周总理风趣地称为"牡丹燕菜"。从此"牡丹燕菜"的名声不胫而走。

掘食攻略 在洛阳,最正宗的水席是农村待客的水席,一般在节庆、红白二事时后举办,其他供应水席的餐馆,较正宗的有以下三家。

★ 真不同	地址:老城区中州东路369号	电话:0379-6395 2609,6395 2338
★ 水席园	地址:涧西区天津路轴承厂俱乐部北侧	电话:0379-6494 4388
★ 建坤水席宫	地址:中州中路120号(玻璃厂路北侧)	电话:0379-6395 3282

美味推介 ▲ **龙门石窟** 开凿于北魏,后来历朝历代也在这里营造佛窟。唐太宗至玄宗时期,由于武则天对佛教极度崇尚,龙门石窟又一次大规模开凿。现存的石窟主要集中在东西两山,共有窟龛2300余个,佛塔近80座,碑刻题记2800余块,造像近11万尊。其中,最大的佛像高17.14米,最小的仅2厘米。据记载,佛窟造像的营造者除了皇室和显贵,还有民间商会和普通平民百姓,也有少量外国佛教徒留下的作品。造像中还留下了大量供养人的形象,包括帝王、官吏、虔诚礼佛的信徒,为研究中国古代的历史、佛教、绘画、雕刻、服饰等提供了大量珍贵数据。经过四百多年的苦心经营,龙门石窟已成为赫赫有名的中国三大佛教石窟艺术宝库之一。

🌐 地址:洛阳市洛龙区龙门镇

清蒸鲂鱼

推介 汉唐时期常以此招待贵宾。相传，大诗人白居易和"九老会"的诗人们，在饮酒赋诗时，常吃此鱼，其制作简单，香淡味纯。鲂鱼产于伊水，故有"伊鲂"之称。

新安烫面饺

推介 特点是五味俱全，皮薄如纸，色泽如玉。已有70多年的历史，闻名于千里陇海线上。用上等面粉作皮，猪前腿和后臀肉作主馅，配料有大葱、白菜心、韭黄、生姜，佐以白糖、料酒、小磨油、食盐等。烹制时先把面和好，擀成薄皮，再包成如新月形的面饺，上笼清蒸后即可。

鲤鱼跃龙门

推介 鲤鱼乃黄河名鱼，这道菜肉嫩味美，营养丰富，闻名中外。烹制好的鲤鱼昂首盘中，仿佛欲跃而起，栩栩如生。不但造型优美，且有吉祥的寓意。

长寿鱼

推介 已有1900多年的历史，甜、咸、酸三味俱全。这一道菜不仅美味且具食疗价值。相传，东汉光武帝刘秀在邙山游猎，突然见到一条赤色鲤鱼，跃出黄河水面，刘秀大喜，遂命人捉回宫去，御厨别出心裁，与枸杞子同烧，命名为"长寿鱼"。后来，此菜传入民间，就成为洛阳的一道名菜。

美景推介 ◀王城公园

洛阳市最大的公园，因修建在东周王城遗址上而得名。公园由古文化区、牡丹花圃、动物馆、游乐场等几个部分组成。历史文化区主要有河图洛书碑、根在河洛碑、纪胜柱、东周故事等。韶乐台内设编钟、石磬、管弦等古代乐器，体现了周文化的博大精深。

潘金和烧鸡

创始人潘根生，其子潘金和于1941年开店营业，烧鸡店现由金和之子潘栓柱经营。潘金和烧鸡风味独特，烧好的鸡皮黄中透红，肉质外焦里嫩。因为烹制的配料有丁香、豆蔻、草果、小茴、大茴、花椒等香料，烧鸡芳香扑鼻，食后满口余香。

不翻汤

至今已有120多年的历史。以绿豆粉、胡椒、酱油、醋、木耳、粉丝、海带、虾皮、紫菜、韭菜等为原料烹制而成，吃来满口豆香，酸中带辣，油而不腻，是洛阳人吃夜宵的首选食品，在洛阳的小吃夜市上均可以尝到其风味。

张家馄饨

又称"马蹄街馄饨"，至今已有150年的历史，由张须创始，味道鲜美、酸辣。1920年，第二代传人张坤对配料和口味加以创新并改良，现馄饨的主料有白面鸡肉、鸡血、薄鸡蛋饼、虾仁、水粉丝、榨菜等；辅料为猪油、胡椒、酱油、鸡汤、猪肉汤、陈醋，冬天可配韭黄、香葱，春天则配嫩韭、香椿，十分讲究。

美景推介 ▲ **白马寺** 创于东汉永平十一年，是佛教传入中国后，由官府正式建造的第一座寺院，历来被佛教界称为"释源"和"祖庭"。"释源"即佛教之发源地，"祖庭"即祖师之庭院。白马寺坐北朝南，总面积约6万平方米，主建筑左右对称，布局规整，由南向北的中轴线上，依次分布山门、天王殿、大佛殿、大雄殿、毗卢阁等，东西两侧分别有钟楼、鼓楼、斋堂、客堂、禅堂、藏经阁等附属建筑。寺的东南有一座风格与西安小雁塔相仿的释迦舍利塔，初建于公元69年，原建筑已经损毁，现存的舍利塔是金大定十五年（1175年）重建的。 ⊗ **地址**：洛阳市洛龙区白马寺镇东

豫东北美食

以安阳为中心发展的风味美食，包括濮阳、商丘等东北部一带的菜式，此地区的菜色善用土特产，多熏卤，口味稍重。著名菜品道口烧鸡，入口鸡骨与肉即自行分离，色、香、味俱佳。安阳曾为五朝古都，宫廷菜历史悠久，皇宫中的珍馐百味如三不粘，绝对是不可错过的美食。

美食推介

道口烧鸡

探食

道口烧鸡创始于清顺治十八年，距今已有三百多年的历史，由滑县道口镇"义兴张"世家烧鸡店所制。据《滑县志》记载，在开始的一百多年时间里，由于技术所限，烧鸡未具特色，直至乾隆五十二年，今烧鸡大师张存友的先祖张炳，按照清宫御膳房的烹调秘方，以陈皮、肉桂、豆蔻、白芷、丁香、草果、砂仁、良姜八料，成功烹制出"色、香、味"三绝的烧鸡，道口烧鸡自此名扬海外。食用时，不需要刀切，用手一抖，鸡的骨肉即自行分离，无论凉热、食之均余香满口。

燎花

探食

又叫蓼花，以糯米、黄豆、白糖、饴糖、桂花等为原料制作而成的传统点心。相传清代时，浙江一位吴姓糕点师傅往上京途中，因病滞留安阳，经当地人悉心调理，康复后便定居安阳，并把制作燎花的技艺传入，历经二百余年不衰，成了安阳的传统点心。燎花的特点是色泽金黄、状如蜂巢、甘甜不腻、酥脆焦香。因形状酷似蓼花，故以此命名。

美景推介

▶ **殷墟博物苑** 位于安阳西北郊横跨洹河南北两岸，小屯村一带，已有3300多年历史。是中国奴隶社会商朝后期的都城遗址，因出土大量的甲骨文和青铜器而驰名中外，古称"北蒙"，又称"殷虚"，自公元前1300年盘庚迁殷，到公元前1046年帝辛亡国的255年间，这里一直是中国商代晚期的政治、经济、军事、文化中心。商灭亡后这里沦为废墟。殷墟博物苑于1987年修建在殷墟的宫殿区遗址上，占地100多亩，并依照甲骨文的"门"字形，用几根雕有商代纹饰的木柱和横梁结构而成。著名的古建筑家严格地将苑中建筑构建在原建筑的遗址上。每座建筑都采用了重檐草顶、夯土台阶、檐柱上雕以蝉龙等纹饰图案，真实再现了殷代的建筑风格。🏠地址：安阳市小屯村殷墟路北

三不粘

特色 三不粘的名字，源于它不粘盘、不粘筷、不粘牙而来。乾隆下江南路过河南安阳，尝过这道菜就爱上了，"三不粘"这菜名还是他改的。它的材料很简单，只用蛋黄、绿豆粉和白砂糖，但制法却很考厨师的功夫，厨师要在十分钟内把食材猛炒三百至四百下，才能达到"三不粘"的境界。此菜要趁热吃，凉了就会变得肥腻。

闹汤驴肉

特色 怀庆府的闹汤驴肉，是河南焦作的名菜。所谓"闹汤"，就是取多年熬制的高汤加入、椒盐、香料、中草药等佐料，随着一个方向不停地搅拌之后变成一碗香浓的糊状汁料，食用时取薄片驴肉蘸汁，驴肉入口芳香四溢、唇齿留香。此菜在选料上特别讲究，不选年岁过大或过小的驴，不选过瘦或过肥的肉，只选三至五年的中型驴。煮肉时，火候要小心掌握，初期用大火，煮沸后压火焖肉，否则易使肉丝变粗，而闹汤的配制，更是巧妙独特的烹调艺术。

八宝布袋鱼

特色 有鲜、嫩、营养丰富的特点，其制作精细，选料严格，讲究配料及调味，是安阳特三级红案厨师李印斗创制的杰作，原料为一公斤重的鲜活黄河鲤鱼一条，加上配料，上笼蒸熟后加姜醋汁而成。

美景推介 ▶ **岳飞庙**　位于汤阴县城内西南街，原名精忠庙，建于明景泰元年，面积4300多平方米。是后人为纪念南宋抗金名将岳飞而建。岳飞庙坐北朝南，外廊呈长方形，有正殿、精忠坊、施全祠、碑林、肃瞻亭、观光亭、御碑亭、贤母祠等建筑。岳飞庙于公元1450年重建，历代屡有增建。山门对面为施全祠，祠前是秦桧、王氏、万俟卨、张俊、王俊五奸党铁铸跪像。正殿是岳飞庙的主体建筑，殿内，岳飞塑像端坐正中，上方是"还我河山"贴金巨匾，相传是岳飞手书。

🏠 地址：安阳汤阴县城岳庙街

◀ **灵泉寺石窟**　建于公元546年，原名宝山寺，又称"河朔第一古刹"，是中国北方一处佛教圣地，也是全国最大的浮雕塔林，俗称"万佛沟"，寺院东西两山，山岩遍刻石窟、塔龛。寺中有一对唐代九级方石塔，由塔座、塔身、塔刹组成。大留圣窟位于寺东，由道凭法师凿造。窟内镌汉白玉石佛3尊。大住圣窟位于寺西，开凿于公元589年。

🏠 地址：安阳县善应镇南坪村

博望锅盔

美食推介

用白面烤制的特色食品，是方城博望镇的名吃，外形似锅，直径约一尺，厚两寸，每个重量可达四斤。制法用发酵面粉、干面反复搓揉，做成盾牌形状上锅炕，待两面凝结后，把数个锅盔叠立起来放在锅内，不加水，用文火蒸烤至熟。烤好的锅盔不焦不糊，用刀切开颜色像生面，但吃起来筋香柔韧。

博望锅盔的传说

相传，东汉建安年间，诸葛亮初出茅庐便巧用计谋，火烧博望坡，大败曹军。诸葛亮班师重回新野，即令关羽领一千兵马镇守博望。当时正值秋旱，博望城地势高而水位低，古井干枯，水源断绝，连做饭的水都剩下不多，眼看将士们饥渴难忍，军心浮动，关羽恐军心不稳，欲弃城撤军，连忙修书一封，派人连夜送往新野，请诸葛亮下令退兵。诸葛亮得知此事后马上回书，在信中告诉关羽："用干面，渗少水，和硬块，锅炕之，食为馈，饷将士，稳军心。"关羽按照信中的制饼方法，派人炮制只需少许水便能制作的馈饼，这馈饼大如盾牌，厚似酒樽，吃起来脆香爽口，做起来简单方便，将士们靠它渡过难关，博望锅盔也因而流传至今。

包括信阳、南阳、三门峡一带的菜肴和滋味小吃，特色面食有博望锅盔、大刀面；传统糕点包括：水花佛手糖糕、大营麻花和信阳糍粑。

豫西南美食

美景推介

◀ 医圣祠 坐落于南阳中心城区，是为纪念东汉时伟大医学家张仲景所建的祠堂，具有汉代建筑风格、主要有纪念碑亭、冢墓、过殿、正殿、仲圣堂等。这里还有古代医学家的塑像群，分别雕塑了医圣张仲景、王叔和、华佗和李时珍四位中国不同历史时期的大医学家。张仲景的墓就在祠内，墓顶莲花座，象征他"出淤泥而不染"的高尚医德。

水花佛手糖糕

一种外形独特的面食，表层用面粉堆叠起泡，成品色泽红亮，状如佛手，吃起来外酥内软，味道甜中微透玫瑰芳香，口感不粘不腻，堪称豫西一绝。据说八国联军攻破北京时，慈禧太后逃难西安。返京途中，路经陕州，当时的知州为献媚取宠，命人制作色如红金，状如佛手的糖糕，笃信佛教的慈禧看到"佛手"，以为是吉祥之兆，颇为欣喜，十分称赞，从此"水花佛手糖糕"便名声大振。

大刀面

因切面的刀巨大无比而命名，此刀长3尺，宽5寸，形状有如铡刀，切面时，先将面搓成一尺宽的面皮，然后折叠成十余层，放在大刀下，切成宽细不同的面条。吃时佐以浇头、配菜，味道酸辣可口。

大营麻花

三门峡特产，长约一尺，色泽柿红透亮，有棱角，味道香甜，黄焦酥脆，久放不坏。麻花按含水量的多少，分软面型和硬面型两个种类，初期大营制作的麻花全属软面型，十九世纪中才开始创制硬面麻花。后来，大营麻花几经改造，现在的制作技术和工艺已大为提高，形成独具一格的三门峡特产。

毛竹筒鲜鱼

商城地方风味名菜，其制法是将两斤以上的鲜鱼切成块状，再拌入适量食盐，放进鲜毛竹筒内，然后密封置于阴凉处一个月，取出后即可加入佐料煮熟食用。此菜的特色是鱼肉带有竹香，而竹香中又略带腐乳味，非常特别。现在因鲜毛竹较难得到，民间多改以陶制坛罐做容器，所制的筒鲜鱼味道稍逊。

信阳糍粑

既是信阳的传统名吃，也是老百姓过年的必备食品，主要产地有商城、新县、潢川、光山等地。昔日，打糍粑是信阳人的年俗，每逢春节，家家户户都会打糍粑和杀年猪，俗称"两盘同开"。糍粑可烤可煮，可煎可炸，春节期间，依然是当地人招待亲朋好友的美食。

美景推介 ◀ 灞陵桥

原名八里桥，在许昌城西约四公里外的清泥河上，相传为三国名将关羽辞别曹操挑袍处。该桥时毁时修，原型早变，后来因兴修水利，原桥已拆毁，仅存《辞曹图》石碑一块。桥西有关帝庙，为后人追念关羽所建。庙为三进大院，有山门、钟鼓楼、大殿、道士院等。

图书在版编目(CIP)数据

中国华中美食之旅/《中国旅游》出版社编．
—上海：上海文化出版社，2014.7
ISBN 978-7-5535-0275-5

I.①中… II.①中… III.①饮食—文化—华中地区
IV. ①TS971

中国版本图书馆CIP数据核字（2014）第151928号

出版人
王　刚
责任编辑
周雯君　赵光敏
装帧设计
汤　靖
责任监制
陈　平

书名
中国华中美食之旅
编者
《中国旅游》杂志
出版发行
上海世纪出版集团
上海文化出版社
地址：上海市绍兴路7号
邮政编码：200020
网址：www.cshwh.com
发行
上海世纪出版股份有限公司发行中心
印刷
上海丽佳制版印刷有限公司
开本
890×1240　1/32
印张
5.5
图文
176面
版次
2014年8月第1版　2014年8月第1次印刷
ISBN 978-7-5535-0275-5/TS.022
定价
35.00元

敬告读者　本书如有质量问题请联系印刷厂质量科
电话：021-64855582